C语言程序设计教程
（第2版）

游洪跃　主编

罗佳　丁晓峰　刘群　杨菊英　彭勇　副主编

清华大学出版社
北京

内 容 简 介

全书共9章,阐述了C语言的主要特点及C程序开发过程,介绍了基本数据类型、表达式和运算符,结构化程序控制流程,函数的使用以及相关知识,指针和数组的使用方法,用户定制类型及位运算,预处理器的使用方法,文件的基本操作方式,以及一些关于C语言的高级内容。

本书全面系统地介绍了C语言程序设计各要素,取材新颖,内容丰富,可读性强。本书充分考虑了读者对书中部分内容的心理适应性,对于一些容易让读者产生畏惧心理的内容作了适当的处理。本书所有程序都在 Visual C++ 6.0、Visual C++ 2022 和 Dev-C++ 5.11 开发环境中进行了严格的测试。

通过本书的学习,读者能迅速提高C语言程序设计的能力,经过适当的选择,可作为高等学校计算机及相关专业C语言程序设计课程的教材,同时也适合初学程序设计者或有一定编程实践基础,希望突破编程难点的读者作为自学教材。

图书在版编目(CIP)数据

C语言程序设计教程 / 游洪跃主编. -- 2 版.

北京:清华大学出版社,2024. 9. -- ISBN 978-7-302
-67381-1

Ⅰ. TP312.8

中国国家版本馆 CIP 数据核字第 202454VW11 号

责任编辑:汪汉友
封面设计:何凤霞
责任校对:李建庄
责任印制:曹婉颖

出版发行:清华大学出版社
      网   址:https://www.tup.com.cn,https://www.wqxuetang.com
      地   址:北京清华大学学研大厦 A 座   邮   编:100084
      社 总 机:010-83470000   邮   购:010-62786544
      投稿与读者服务:010-62776969,c-service@tup.tsinghua.edu.cn
      质量反馈:010-62772015,zhiliang@tup.tsinghua.edu.cn
      课件下载:https://www.tup.com.cn,010-83470236
印 装 者:三河市龙大印装有限公司
经   销:全国新华书店
开   本:185mm×260mm   印   张:18.5   字   数:429 千字
版   次:2011 年 6 月第 1 版   2024 年 9 月第 2 版   印   次:2024 年 9 月第 1 次印刷
定   价:55.50 元

产品编号:106298-01

前　　言

　　作者使用过国内数本 C 语言程序设计的教材,都不十分满意,C 程序教学的普遍结果是,学生学完了 C 语言,却不会使用目前流行的 C 语言开发工具编写程序。同时,几乎所有教材都存在错误。例如,某经典教材的典型例题程序如下:

```
#include<stdio.h>                       /* 包含库函数 printf() 所需要的信息 */

void CopyString(char *from,char *to)
{
    for(; *from!='\0'; from++,to++) *to=*from;      /* 复制 from 到 to */
    *to='\0';                            /* 加上字符串结束符 */
}

int main(void)                          /* 主函数 main() */
{
    char *a="I am a teacher.";          /* 定义字符指针 */
    char *b="You are a student.";       /* 定义字符指针 */

    printf("a:%s\nb:%s\n",a,b);         /* 显示字符串 a,b */
    CopyString(a, b);                   /* 复制 a 到 b */
    printf("a:%s\nb:%s\n",a,b);         /* 显示字符串 a,b */

    return 0;                           /* 返回值 0, 返回操作系统 */
}
```

　　上面的程序在当前流行 C/C++ 编程器 Visual C++ 6.0 SP6 和 Dev-C++ 5.11 都能正常通过编译,但运行到函数调用"CopyString(a, b);"时会出现运行错误。实际上函数 CopyString() 本没问题,其错就错在实参上,它试图把一个字符串常量赋值给另一个字符串常量。这在概念上就是错误的。书籍中存在错误是在所难免的,但这种潜在错误对读者的影响很难估计。由于读者很难有机会发现这种错误,或是发现了这类错误,可能还以为自己的理解错误了,这样读者会一直延续这种错误的观念,再把这种观念带到实际编程工作中,带来的社会影响就更大了。这个问题在某教材中存在了很多年,直到最近的最新版也依然存在。这也从侧面说明,改变这样的错误是要花时间代价的。

　　再比如类似下面的程序:

```
#include <stdio.h>                      /* 包含库函数 printf() 所需要的信息 */
void main(void)                         /* 主函数 main() */
```

```
    {
        printf("Hello,world!\n");                /*输出"Hello, world"*/
    }
```

在 Visual C++ 6.0 SP6 编译器中可以编译运行,而在语法检查更严格的 Dev-C++ 5.11 中根本通不过,这是由于在新标准中 main()函数返回值类型不能为 void,这样的程序即使在部分编译器上能够正常编译运行,但也是错误的,这类程序已根本谈不上可移植性了。

本书作者在经过多年教学及查阅大量参考资料后编写了本书。全书共 9 章,第 1 章重点阐述 C 语言的主要特点及 C++ 程序开发过程;第 2 章着重介绍了基本数据类型、表达式和运算符;第 3 章介绍了结构化程序控制流程,其中重点讨论了 3 种基本控制结构;第 4 章着重探讨了函数的使用以及相关知识;第 5 章讨论了指针和数组的使用方法;第 6 章讨论了用户定制类型及位运算,包括结构、联合、位运算和枚举;第 7 章阐明了预处理器的使用方法;第 8 章介绍了文件的基本操作方式;第 9 章是一些关于 C 语言高级话题的讨论。

对于初学者,在考试时往往会感到茫然而不知所措,因此本书习题包括了选择题、填空题和编译题,这些题目选自考试题,可供学生期末复习,也可供教师出试题时参考。

本书在部分章节中还提供了实例研究,主要提供给那些精力充沛的学生深入学习与研究,每个实例研究都有一定的目的与意义,例如算法设计的实例研究(如第 4 章的实例研究"汉诺塔问题",虽然难度一般,但却是算法设计中关于"递归"算法的实例,为将来学习算法设计打下坚实的基础,也为 C++ 或数据结构学习关于"递归"课程设计项目作伏笔),也包括综合应用的实例研究(如第 8 章的实例研究"人事管理系统",采用"软件工程"的方法进行分析,实现了一个简单的"数据库管理系统")。

为了尽快提高读者的实际编程能力,本书各章提供了"程序陷阱",在其中包含了在实际编程时容易出现的问题和对正文内容的深入讨论,对在不同 C 编译环境中存在的兼容性现象的 C 内容进行了实用而具体的指导。这部分内容不管对初学者还是对那些长期编程的人都很有用。

每章习题中的选择题和填空题全部改编于历年全国计算机二级等级考试原题,每章的编程习题一般来源于 C 语言程序设计课程真实考试题,所有习题稍加修改即可作为期末试题,教师在讲完课本正文内容后,可讲解部分或全部习题(将向所有教师提供习题的解析及参考答案)。

本书所有算法都同时在 Visual C++ 6.0、Visual C++ 2022 和 Dev-C++ 5.11 中通过测试。读者可根据实际情况选择适当的编译器,建议选择 Visual C++ 6.0。

教师可采取多种方式来使用本书讲授 C 语言程序设计,应该根据学生的背景知识以及课程的学时数来进行内容的取舍。为满足不同层次的教学需求,本书使用了分层的思想,分层方法如下:没有加星号(＊)及双星号(＊＊)的部分是基本内容,适合所有读者学习;加有星号(＊)的部分适合计算机专业的读者深入学习的选学部分;加有双星号(＊＊)的部分适合于感兴趣的读者研究。

作者为本书提供了全面的教学支持,可在清华大学出版社官方网站上下载如下教学参考内容。

(1) 提供书中所有例题在 Visual C++ 6.0、Visual C++ 6.0 2022 和 Dev-C++ 5.11 开

发环境中的测试程序。

（2）提供教学用 PowerPoint 幻灯片课件。

（3）提供教材中所有习题的参考答案。

（4）提供多套 C 语言程序设计模拟试题及其解答，以供学生期末复习，也可供教师出考试题时参考。

（5）提供 C 程序设计相关的其他资料（如 Dev-C++、流行免费 C/C++ 编译器的下载网址）。

（6）线上实训项目与线上习题使用指导。

通过扫描二维码可观看全书所有例题、数据结构相关的类模板及算法相关函数模板的程序演示视频，其中第 1 个二维码对应 Visual C++ 6.0 开发环境的程序演示视频，第 2 个二维码对应 Visual C++ 2022 开发环境的程序演示视频，第 3 个二维码对应 Dev-C++ 5.11 开发环境的程序演示视频。

在附录 A 中介绍了 Visual C++ 6.0、Visual C++ 2022 和 Dev-C++ 5.11 开发环境建立工程的步骤，可通过扫描二维码观看具体操作视频。

提供大量的线上实训项目与线上习题，并为教师提供全部参考答案，线上实训项目可用于实验项目或课程设计项目，线上习题可用于布置课后习题，所有线上实训项目与线上习题都采用通关方式完成任务，具体包括任务描述和相关知识，对编程实践项目还包括编程要求及测试说明，线上习题包括了单项选择题关卡、填空题关卡、判断题关卡及编程实践题关卡，不但可用于学生练习，也可供教师出考试题时参考。线上实训项目与线上习题都由线上平台自动测评与打分，学生所得分值可用于过程化考核成绩。

本书的出版要感谢清华大学出版社相关编校人员，由于他们为本书的出版倾注了大量热情和付出，才让读者有机会看到本书。

尽管作者有严谨的治学态度并付出最大努力，但限于水平，书中难免有不妥之处，因此敬请各位读者不吝赐教，以便作者有一个提高的机会，并在再版时尽力采用所提意见，尽快提高本书的水平。

本书第 1 章和第 2 章由彭勇编写，第 3 章和附录 B～附录 D 由罗佳编写，第 4 章和第 8 章由刘群编写，第 5 章由杨菊英编写，第 6 章和第 7 章由丁晓峰编写，第 9 章和附录 A 由游洪跃编写，全书由游洪跃统稿。作者还要感谢为本书提供直接或间接帮助的每一位朋友，由于你们热情的帮助或鼓励激发了作者写好本书的信心以及写作热情。

作 者

2024 年 8 月

学习资源

目　　录

第1章 C语言程序设计基础

1.1 C语言的发展和主要特点

1.1.1 C语言的发展

1978年由美国电话电报公司（AT&T）贝尔实验室正式发表了C语言，同年由B.W. Kernighan和D.M.Ritchie合著了著名的 *The C Programming Language* 一书，在此书的附录中提供了C语言参考手册。在此后的几年中，该书一直被广泛作为C语言的实现规范，成为事实上的非官方C语言标准，一般将此书提出的C语言标准简称为K&R C。

C语言在随后的几年中得到了快速发展，实际使用的C语言已远远超越了K&R C所描述的范围，同时K&R C在许多细节上也没有达到足够精确的要求，迫切要求进一步标准化C语言，在1983年，美国标准化学会（American National Standard Institute, ANSI）成立了一个C语言工作小组，开始进行C语言标准化工作，此小组确认了C语言的常用特性，并对C语言本身做了一些改进，同时引入了C语言的一些新特征。1989年，ANSI发布了新的C语言标准——ANSI C，简称为C89。此后，该标准被国际标准化组织（International Standard Organization, ISO）修改后作为ISO C标准。

当前广泛使用的C编译环境都实现了ANSI C，不同版本的C编译环境只略有差异。

在ANSI标准化后，C语言的标准化在相当长一段时间内都保持不变，直到1999年，ISO加入了一些新特性，发布了ISO 8999：1999，此版本通常称为C99，但是各公司对C99普遍缺乏兴趣，大部分公司在最新的C编译器中都不支持C99的新特征。

本书介绍的程序都符合ANSI C标准，并同时在Visual C++ 6.0、Visual C++ 2022和Dev-C++ 5.11开发环境中进行了严格的测试。

1.1.2 C语言的主要特点

C语言是最受欢迎的计算机语言，既可以用来编写应用程序，也可以用来编写系统程序，具体来讲，C语言具有如下主要特点。

1. 使用方便，功能强大

C语言定义了32个关键字，易于初学者记忆与掌握，C语言程序书写形式自由，并且含有丰富的操作和数据类型，允许用户定义数据类型，便于处理各种复杂数据和实现各种复杂功能。

2. 便于模块化编程

C 语言是一种函数式语言,使用函数作为程序的基础模块,使 C 语言程序设计十分方便,层次分明且便于维护。

3. C 程序可移植性好

按照 ANSI C 设计的程序,可以不做修改就能运用于各种不同计算机与不同操作系统下,这使 C 语言适合于开发跨平台的程序开发。

1.2 第一个 C 语言程序以及 C 语言程序开发过程

1.2.1 第一个 C 语言程序

用 C 语言编写的程序结构十分严谨,下面介绍著名的"Hello,world!"程序,此程序经常被用于介绍各种语言的第一个程序,其功能是在屏幕上输出字符串"Hello,world!"。

例 1.1 在屏幕上输出"Hello,world!",程序演示见 1011.mp4~1013.mp4。

```
/ * 文件路径名:e1_1\main.c * /
#include<stdio.h>                      / * 包含库函数 printf() 所需要的信息 * /

int main(void)                         / * 主函数 main() * /
{
    printf("Hello,world!\n");          / * 输出 "Hello, world" * /

    return 0;                          / * 返回值 0, 返回操作系统 * /
}
```

以上用 C 语言编写的程序称为 C 语言源程序,在不引起混淆的情况下,可简称为源程序或程序。运行上面的程序时,将在屏幕上输出如下信息:

```
Hello, world!
```

为了使读者更好地理解,下面将详细地剖析上面的程序。

1. 注释

上面程序的第一行如下:

```
/ * 文件路径名:e1_1\main.c * /
```

这行不是程序代码,它只是注释,告诉读者程序的文件路径名,位于"/ * "和" * /"之间的任何文本都是注释。应养成给程序添加注释的习惯,添加足够的注释,可为日后自己(和其他程序员)更加容易地理解程序的作用和工作方式。

2. 预处理命令

严格地说,下面的代码行:

```
#include<stdio.h>                      /* 包含库函数 printf() 所需要的信息 */
```

虽不是可执行程序的一部分,但是很重要,没有它程序将不能执行。其中,"♯"表示这是一个预处理命令,用于告诉编译器在编译源代码之前,要先执行一些操作。编译器在编译过程开始之前的预处理阶段处理这些命令。预处理命令一般放在程序源文件的开头。

在上例中,编译器要将 stdio.h 文件的内容包含进来,这个文件称为头文件,这是因为它们通常放在程序的开头处。stdio.h 头文件包含了 printf() 函数以及其他输入输出函数所需要的信息。名称 stdio 是标准输入输出(standard input/output)的缩写。C 语言中头文件的扩展名常为 h,本书的后面会用到其他头文件。

所有符合 ANSI C 标准的编译器都有一些标准的头文件。这些头文件主要包含了与 C 库函数相关的声明,都支持同一组标准库函数和一些额外的库函数,以增强编译器的功能。

3. 定义 main() 函数

下面的代码行定义了 main() 函数:

```
int main(void)                        /* 主函数 main() */
{
    printf("Hello,world!\n");          /* 输出 "Hello, world" */

    return 0;                          /* 返回值 0, 返回操作系统 */
}
```

所有 C 程序都由一个或多个函数组成,因为每个程序总是从这个 main() 函数开始执行,所以每个 C 程序都必须有一个 main()。

定义 main() 函数的第一行代码如下:

```
int main(void)                        /* 主函数 main() */
```

这行代码是 main() 函数的起始,其中的 int 表示 main() 函数的返回值的类型,int 表示 main() 函数返回一个整数值,其中 void 表示空类型,此处表示函数 main() 无参数。执行完 main() 函数后返回的整数值表示返回给操作系统的一个代码,它表示程序的状态。在下面的语句中,指定了执行完 main() 函数后要返回的值:

```
return 0;                             /* 返回值 0, 返回操作系统 */
```

这个 return 语句结束 main() 函数的执行,把值 0 返回给操作系统。main() 函数通常用返回 0 表示程序正常终止,而返回非 0 值表示异常,也就是在程序结束时,发生了不应发生的事情。

函数 main() 还可以调用其他函数。对于每个被调用的函数,都可以在函数名后面的

"()"中给函数传递一些信息。在执行到函数体中的 return 语句时,就停止执行该函数,将控制权返回给调用函数。注意,函数 main()将控制权返回给操作系统。

4. 关键字

在 C 语言中,关键字具有特殊的意义,在程序中不能将关键字用于其他目的,故又称保留字。在前面的例子里,int 就是一个关键字,void 和 return 也是关键字。在学习 C 语言的过程中,读者将逐渐熟悉这些关键字。

5. 函数体

函数体是在函数名称后面位于"{"和"}"之间的代码块,包含了定义函数功能的所有语句,在例 1.1 中 main()的函数体非常简单,只有如下两条语句:

```
printf("Hello,world!\n");          /*输出"Hello,world"*/

return 0;                          /*返回值 0, 返回操作系统*/
```

注意:函数体可以是空的,仅有"{"和"}",里面没有任何语句,在这种情况下,这个函数什么也不做。在开发一个包含很多函数的程序时,可以声明一些用来解决手头问题的空函数,确定需要完成的编程工作,再为每个函数创建程序代码。这个方法有助于条理分明地、系统地建立程序。

在例 1.1 中将"{"和"}"单独排为一行,可清晰地表明其中的语句块从哪里起始和结束。"{"和"}"之间的语句通常缩进,使"{"和"}"突出在前。可使语句块更容易阅读。

6. 输出信息

例 1.1 中的 main()函数体包含了一个调用 printf()函数的语句:

```
printf("Hello,world!\n");          /*输出"Hello,world"*/
```

printf()是标准的库函数,用于将""和""之间的信息输出到屏幕上。

7. 转义字符

前面程序的 printf()函数调用语句中包含有字符"\n",它代表一个字符:换行符。在 C 语言中,"\"在字符串里有特殊的意义,表示转义字符的开始。转义字符可以在字符串中插入无法指定的字符,例如制表符及换行符,或编译器在某种情况下可能会混淆的字符,例如""一般用于界定字符串。常用转义字符见表 1.1。

表 1.1 常用转义字符

转义字符	意　义	转义字符	意　义
\n	换行	\\	反斜杠
\r	回车	\"	双引号
\t	水平制表符	\'	单引号
\b	退格	\ddd	用 1～3 位八进制数表示字符
\a	发出鸣响	\xhh	用 1～2 位十六进制数表示字符

说明：\ddd 格式的转义字符,用字符的 ASCII 码的八进制数表示字符;同样地,\xhh 格式的转义字符,用字符的 ASCII 码的十六进制数表示字符。附录 B 中列出了常见字符的 ASCII 码。ASCII(American Standard Code for Information Interchange,美国信息互换标准代码)是基于拉丁字母的一套计算机编码系统。

1.2.2　C 语言程序开发过程

用 C 语言开发程序的过程主要包含编译、链接和运行 3 个步骤,下面分别进行介绍。

1. 编译

编译工作由编译器完成。C 语言程序代码不能被机器直接识别,首先需要将 C 程序代码转换为机器码。编译过程所做的工作就是把 C 程序代码翻译成机器认识的机器码的过程。

2. 链接

在经编译后得到的目标文件中,机器码是相互独立的,需要链接器将它们组合在一起并解析相互之间的交叉引用。C 语言程序如果调用了库函数,这个过程中就会将调用命令与被调用的库函数链接在一起。例如,例 1.1 中的 printf() 函数是 C 语言标准函数,这个阶段会将调用命令与函数库中的函数相链接。如果找不到调用的目标函数,将产生链接错误。

3. 运行

完成链接后将得到一个可执行文件,可以直接运行。运行后,就可以得到程序结果。图 1.1 描述了从编译到运行的整个过程。

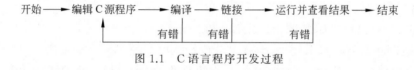

图 1.1　C 语言程序开发过程

注意:当前的 C 语言开发环境中都集成了以上这 3 个步骤,大大方便了 C 语言的开发过程。附录 A 介绍了常用 C 语言开发环境的使用方法。

*1.3　数制及十进制数与 R 进制数之间的转换

1.3.1　数制

数制又称记数制,就是用一组特定的数字符号按照一定的进位规则来表示数的计数方法。二进制只采用了 0 和 1 这两个数码;而大家熟知的十进制则采用了 0,1,…,9 这 10 个数码;八进制则采用了 0,1,…,7 这 8 个数码;十六进制则采用了 0,1,…,9,A,B,C,D,E,F 这 16 个数码。

任何一种进位记数制都会涉及两个基本概念:基和位权。

（1）基。它是一种数制中所使用的不同基本符号的个数。例如,十进制共有 10 个数码,其基为 10;二进制共有 2 个数码,其基为 2;八进制共有 8 个数码,其基为 8;十六进制有 16 个数码,其基为 16。

（2）位权。位权指的是某种进制的编码中,某个位置的基本符号为 1 时,它所代表的数值的大小。例如,一个十进制数 518.69 可表示为

$$518.69 = 5 \times 10^2 + 1 \times 10^1 + 8 \times 10^0 + 6 \times 10^{-1} + 9 \times 10^{-2}$$

在这个数中,从左至右的各位数字由于所处位置不同,所代表的数值的大小也不相同,各位数字所代表的数值的大小就是由位权来决定的。

位权是一个乘方值,乘方的底数为进位计数制的基(本例中为 10),而指数由各位数字在数中的位置决定。对于 R 进制数,其各位数字的位权可表示为 R^i。

1.3.2　十进制数与 R 进制数之间的转换

（1）R 进制数转换为十进制数。将 R 进制数的各位数字与位权相乘再求和,所得和数即为转换结果。二进制数的转换更简单,直接将非 0 位的位权相加即可。例如:

$$1001.11B = 2^3 + 2^0 + 2^{-1} + 2^{-2} = 9.75$$

（2）十进制数转换为 R 进制数。十进制数转换为 R 进制数,其整数部分和小数部分需要采用不同的方法分别进行转换。只有整数部分,采用“除基取余法”;只有小数部分,采用“乘基取整法”;既有整数又有小数部分,整数部分和小数部分分别进行转换。

① 十进制整数转换为 R 进制整数。转换规则:“除 R 取余法”。这里的 R 即为 R 进制的基,用十进制数及其商反复地除以 R,记下每次所得的余数,直至商为 0。将所得余数按最后一个余数到第一个余数的顺序依次排列起来即为转换结果。例如,若要将 125 转换成二进制数,则用“除 2 取余法”即可。

例如,125=1111101B,如图 1.2 所示。

② 十进制小数转换成 R 进制小数。进行转换时采用“乘 R 取整法”。即乘基取整,用十进制小数乘以 R,得到一个乘积,将乘积的整数部分取出来,将余下的小数部分再乘以 R,重复以上过程,直至乘积的小数部分为 0 或满足转换精度要求为止,最后将每次取得的整数按照从第一个整数到最后一个整数的顺序依次排列起来即得转换结果。若要转换成二进制小数,采用“乘 2 取整法”即可。

例如,将 0.625 转换成二进制小数的过程如图 1.3 所示。

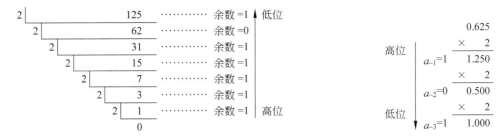

图 1.2　十进制整数转换为二进制整数　　　图 1.3　十进制小数转换为二进制小数

可以知道,0.625＝0.101B。

③ 既有整数又有小数部分的要分别进行转换。一个十进制数既有整数部分,又有小数部分,将该十进制数的整数部分和小数部分分别进行转换,然后将两个转换结果拼接起来即可。

例如,将 125.625 转换成二进制数:

因为 125＝1111101B,0.625＝0.101B,所以 125.625＝1111101.101B。

1.4　程序陷阱

在人的一生中,一定会犯错误。当用 C 语言编写了一个程序后,编译器将把源代码转换成机器代码,有一些用户必须严格遵守的语法规则。在应该有“,”的地方漏掉了“,”,或者在应该有“;”的地方漏掉“;”,编译器都将出现编译错误。

读者可能想象不到,在程序中是多么容易产生输入错误,即使已有多年的程序设计经验,也不能避免出现这种错误。在程序中实现复杂功能,很容易出现逻辑错误。从程序设计语言的角度看,结构十分精巧,编译和运行都能顺利通过,但是生成的结果却不正确的程序,才是最难发现错误的。

习　题　1

一、选择题

1. 以下叙述中正确的是_____。

　A. C 程序中的注释只能出现在程序的开始位置和语句的后面

　B. C 程序书写格式严格,要求一行内只能写一条语句

　C. C 程序书写格式自由,一条语句可以写在多行上

　D. 用 C 语言编写的程序只能放在一个程序文件中

2. 以下叙述中正确的是_____。

　A. C 语言程序将从源程序中第一个函数开始执行

　B. 可以在程序中由用户指定任意一个函数作为主函数,程序将从此开始执行

　C. C 语言规定必须用 main 作为主函数名,程序从此开始执行,在此结束

　D. main 可作为用户变量名

* 3. 以下叙述中正确的是_____。

　A. C 程序的基本组成单位是语句

　B. C 程序中的每一行只能写一条语句

　C. 简单 C 语句必须以分号结束

　D. C 语言必须在一行内写完

4. 计算机能直接执行的程序是_____。

　A. 源程序　　　　B. 目标程序　　　C. 汇编源程序　　　　D. 可执行程序

5. C 语言源程序名的扩展名是_____。

    A. exe   B. c   C. obj   D. txt

6. 用 C 语言开发程序的过程主要包含_____个步骤。

    A. 2   B. 3   C. 4   D. 5

*7. 将十进制整数 126 转换成二进制整数,此二进制整数为_____。

    A. 1111100B   B. 1111101B   C. 1111110B   D. 1111111B

*8. 将十进制小数 0.875 转换成二进制小数,此二进制小数为_____。

    A. 0.111B   B. 0.101B   C. 0.011B   D. 0.11B

*9. 将十进制数 126.625 转换成二进制数,此二进制数为_____。

    A. 1111100.101B   B. 1111101.111B

    C. 1111110.101B   D. 1111111.011B

*10. 将二进制数 1101.11B 转换成十进制数,此十进制数为_____。

    A. 13.5   B. 12.5   C. 11.5   D. 10.75

二、填空题

1. 一个 C 程序由一个或多个函数组成,但其中必须包含的函数是_____。

2. C 语言中的头文件的扩展名是_____。

3. C 语言的关键字也称为_____。

4. C 语言的预处理命令的第一个符号为_____。

5. 代表换行符的转义符为_____。

6. 用 C 语言开发程序的过程主要包含了编译、链接和_____3 个步骤。

*7. 将十进制整数 108 转换成二进制整数,此二进制整数为_____。

*8. 将十进制小数 0.375 转换成二进制小数,此二进制小数为_____。

*9. 将十进制整数 125.375 转换成二进制数,此二进制数为_____。

*10. 将二进制数 1001.01B 转换成十进制数,此十进制数为_____。

三、编程题

1. 编写一个 C 程序,要求输出"欢迎学习 C 语言!"。

2. 编写一个 C 程序,输出如下信息:

```
****************************
*                          *
*        Very good         *
*                          *
****************************
```

3. 编写一个 C 程序,输出如下图案:

```
  *
 ***
*****
 ***
  *
```

4. 输出由"＊"组成的 C 形图案。

```
****
*
*
****
```

5. 输出由"＊"组成的 8 字形图案。

```
****
*  *
****
*  *
****
```

第 2 章　数据类型及其运算

2.1　标识符与关键字

标识符就是在 C 语言程序中使用的符号常量名、变量名、函数名、数组名、文件名、结构类型名和其他各种用户定义的名称。标识符的命名必须满足一定的规则。标识符的构成规则如下：

（1）必须由字母（a～z、A～Z）或"_"作为第一个字符。

（2）第一个字符后面可以跟任意的字母、数字或"_"。

在 C 语言中，对大小写字母是区分的。例如 color、Color、COLOR 为 3 个不同的标识符。

例如，以下均是合法的标识符：

sum,_add,x1,book_6

以下均是不合法的标识符：

```
5_apple                              /*错在以数字开头*/
x.txt                                /*错在出现"."*/
bye bye                              /*错在中间有空格*/
```

由于标识符用于标识某个量的符号，因此命名标识符时应尽量有相应的意义，以便容易理解，应做到"顾名思义"。例如，表示月份可以用 month，表示长度可以用 length 等。

关键字是 C 语言中的一些特别的标识符，关键字在系统中具有特殊用途，不能作为一般标识符使用。例如，用于字符型变量定义的 char 关键字就不能再用作变量名。

C 语言常用的关键字有 32 个，如下所述。

auto：用于声明自动变量，此关键字很少用。

double：用于声明双精度实型变量或返回值为双精度实型值的函数。

int：用于声明整型变量或返回值为整型值的函数。

struct：用于声明结构类型、结构变量或返回值为结构类型值的函数。

break：用于跳出当前循环或 switch 语句。

else：条件语句否定分支（要与 if 连用）。

long：用于声明长整型变量或返回值为长整型值的函数。

switch：用于开关语句。

case：开关语句分支。

enum：用于声明枚举类型。

register：用于声明寄存器变量。

typedef：自定义数据类型。

char：用于声明字符型变量或返回值为字符型值的函数。

extern：用于声明变量是在其他文件中声明的变量。

return：函数返回语句。

union：用于声明联合数据类型、联合变量或返回值为联合型值的函数。

const：用于声明只读变量。

float：用于声明单精度实型变量或返回值为单精度实型值的函数。

short：用于声明短整型变量或返回值为短整型值的函数。

unsigned：用于声明无符号类型变量或函数。

continue：结束当前循环，开始下一轮循环。

for：循环语句。

signed：用于声明有符号类型变量或函数。

void：用于声明函数无返回值、无参数或无类型指针。

default：开关语句中默认分支。

goto：无条件跳转语句，结构化程序设计中不建议使用。

sizeof：计算数据类型长度。

volatile：说明变量在程序执行中可被隐含地改变，在编程中几乎不用。

do：用于引导直到型循环语句的循环体。

while：循环语句的循环条件。

static：用于声明静态变量。

if：条件语句。

上面简单地介绍了 32 个关键字的名称和含义，将在后面详细介绍。

2.2　C 语言的数据类型

在程序中，数据分为不同的类型，例如整型、实型和字符型等形式。C 语言提供了丰富的数据类型，如图 2.1 所示。

1. 基本数据类型

基本数据类型简称基本类型，其最主要的特点是值不可以再分解为其他类型。

2. 构造数据类型

构造数据类型简称构造类型，其根据已定义的一个或多个数据类型用构造的方法进行定义。也就是说构造类型的值可以分解成若干"成员"或"元素"。每个"成员"或"元素"都是一个基本数据类型或又是一个构造类型。在 C 语言中，构造类型包括数组类型、结构类型和联合类型。

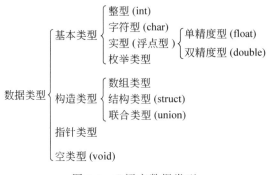

图 2.1 C 语言数据类型

3. 指针数据类型

指针数据类型简称指针类型。指针是一种特殊的,也是具有重要作用的数据类型。指针的值用来表示某个量在内存中的地址。

4. 空数据类型

空数据类型简称空类型。在调用函数时,通常应向调用者返回一个函数值。此返回的函数值是具有一定的数据类型的,应在函数定义及函数说明中给以说明。但也有一类函数,调用后并不需要向调用者返回函数值,这种函数可以定义为"空类型"。其类型说明符为 void。

在本章中,先介绍基本数据类型中的整型、浮点型和字符型。其余类型在以后各章中陆续介绍。基本数据类型中的浮点型包括单精度型和双精度型,定义整型、单精度型、双精度型和字符型变量的关键字分别是 int、float、double 和 char。

除了上面 4 种基本数据类型关键字外,还有一些用来扩充基本类型的意义的修饰符,以便更准确地适应各种需要。修饰符有 long(长型)、short(短型)、signed(有符号)和 unsigned(无符号)。这些修饰符和基本数据类型的关键字组合起来可表示不同的数值范围以及数据所占用内存空间的大小。当 short 修饰 int 时,short int 可以省略为 short;当 long 只能修饰 int 时,long int 可以省略为 long;当 unsigned 和 signed 修饰 char 和 int 时,一般情况下,signed char 和 signed int 可以省略为 char 和 int,unsigned char 和 unsigned int 不可以省略为 char 和 int。

表 2.1 给出了 ANSI C 描述的基本类型和基本类型加上修饰符以后各数据类型所占的内存空间最少字节数和所表示的最小数值范围。

表 2.1　基本数据类型描述

类　型	描　　述	最少字节数	最小数值范围	说　　明
int	整型	2	$-32\ 768 \sim 32\ 767$	$-2^{15} \sim 2^{15}-1$
unsigned int	无符号整型	2	$0 \sim 65\ 535$	$0 \sim 2^{16}-1$
signed int	有符号整型	2	$-32\ 768 \sim 32\ 767$	$-2^{15} \sim 2^{15}-1$

类　型	描　述	最少字节数	最小数值范围	说　明
short int	短整型	2	$-32\,768 \sim 32\,767$	$-2^{15} \sim 2^{15}-1$
unsigned short int	无符号短整型	2	$0 \sim 65\,535$	$0 \sim 2^{16}-1$
signed short int	有符号短整型	2	$-32\,768 \sim 32\,767$	$-2^{15} \sim 2^{15}-1$
long int	长整型	4	$-2\,147\,483\,648 \sim 2\,147\,483\,647$	$-2^{31} \sim 2^{31}-1$
unsigned long int	无符号长整型	4	$0 \sim 4\,294\,967\,295$	$0 \sim 2^{32}-1$
signed long int	有符号长整型	4	$-2\,147\,483\,648 \sim 2\,147\,483\,647$	$-2^{31} \sim 2^{31}-1$
float	单精度型	4	$-3.4 \times 10^{38} \sim 3.4 \times 10^{38}$	6 位有效数字
double	双精度型	8	$-1.8 \times 10^{308} \sim 1.8 \times 10^{308}$	15 位有效数字
char	字符型	1	$-128 \sim 127$	$-2^{7} \sim 2^{7}-1$
unsigned char	无符号字符型	1	$0 \sim 255$	$0 \sim 2^{8}-1$
signed char	有符号字符型	1	$-128 \sim 127$	$-2^{7} \sim 2^{7}-1$

注意：在 ANSI C 中，只规定了每种类型占用的内存空间都不少于表 2.1 中的所占字节数，不同的 C 编译器可自行规定各种类型所占内存空间的大小，例如在 Visual C++ 6.0 中 int 型占用 4 字节的内存空间。

本章的例题会用到格式化输出函数 printf()，为了便于读者理解，本节将简单介绍格式化输出函数 printf()，关于格式化输出函数 printf()更详细的介绍参考 3.2.2 节。printf()函数调用的一般形式如下：

```
printf("格式控制字符串",输出表)
```

其中，格式控制字符串用于指定输出格式。格式控制字符串由格式字符串和非格式字符串两种组成。格式字符串是以"%"开头的字符串，在"%"后面跟有各种格式字符，以说明输出数据的输出格式。如"%d"表示按十进制整型数方式输出，"%f"表示按实数方式输出，"%c"表示按字符方式输出。

非格式字符串在输出时按原样显示，在显示中起提示作用。输出表中给出各输出项，要求格式字符串和各输出项在数量和类型上应一一对应。

例如：

```
int i=2;          /*定义整型变量 i,并初始化变量的值为 2*/
printf("i=%d", i); /*"i=%d"为格式控制字符串,其中"i="为非格式字符串,按原
                     样输出,"%d"为格式字符串,表示按十进制整型数方式输出后面的
                     输出项 i 的值*/
```

上面的语句输出结果如下：

```
i=2
```

例 2.1　编程测试每种数据类型所占存储空间的大小，程序演示见 2011.mp4～

2013.mp4。

```
/*文件路径名:e2_1\main.c*/
#include<stdio.h>                          /*包含库函数printf()所需要的信息*/

int main(void)                             /*主函数main()*/
{
    printf("int:%d\n",sizeof(int));
                         /*输出int所占字节数,%d表示按十进制整型数方式输出*/
    printf("unsigned int:%d\n",sizeof(unsigned int));
                                           /*输出unsigned int所占字节数*/
    printf("signed int:%d\n",sizeof(signed int));
                                           /*输出signed int所占字节数*/

    printf("short int:%d\n",sizeof(short int));
                                           /*输出short int所占字节数*/
    printf("unsigned short:%d\n",sizeof(unsigned short));
                                           /*输出unsigned short所占字节数*/
    printf("signed short:%d\n",sizeof(signed short));
                                           /*输出signed short所占字节数*/

    printf("long int:%d\n",sizeof(long int));    /*输出long int所占字节数*/
    printf("unsigned long:%d\n",sizeof(unsigned long));
                                           /*输出unsigned long所占字节数*/
    printf("signed long:%d\n",sizeof(signed long));
                                           /*输出signed long所占字节数*/

    printf("float:%d\n",sizeof(float));    /*输出float所占字节数*/
    printf("double:%d\n",sizeof(double));  /*输出double所占字节数*/

    printf("char:%d\n",sizeof(char));      /*输出char所占字节数*/
    printf("unsigned char:%d\n",sizeof(unsigned char));
                                           /*输出unsigned char所占字节数*/
    printf("signed char:%d\n",sizeof(signed char));
                                           /*输出signed char所占字节数*/

    return 0;                              /*返回值0,返回操作系统*/
}
```

程序运行时屏幕输出参考如下：

```
int:4
unsigned int:4
signed int:4
short int:2
unsigned short:2
signed short:2
long int:4
unsigned long:4
signed long:4
float:4
double:8
char:1
unsigned char:1
signed char:1
```

上面程序中的 sizeof 为求字节数运算符,例如,sizeof(int)将返回一个整型 int 类型的数所占用的字节数,数据输出语句

```
printf("int:% d\n", sizeof(int));
```

中的"int:%d\n"是格式控制字符串,其中"int:"及"\n"(表示换行的转义字符,常用转义字符参考表 1.1)为非格式字符串,按原样输出;"%d"为格式字符串,表示按十进制整型数方式输出后面的输出项 sizeof(int)的值。其他数据输出语句类似,此处不再赘述。

说明:对于所有的计算机学习的课程都属于实践性强的理论课程,这里的实践就是上机编程,读者应尽可能多上机编写并调试程序,最好将所有有关程序的例题与习题都上机调试。

2.3　常量与变量

在程序执行过程中,其值不发生改变的量称为常量,取值可变的量称为变量。常量、变量与数据类型结合起来可分为整型常量、整型变量、浮点常量、浮点变量、字符常量、字符变量等,在程序中,常量通常可以不说明而直接引用,而变量必须先说明然后才能使用。

2.3.1　整型量

整型量可分为整型常量、整型变量,下面分别加以分绍。

1. 整型常量

整型常量也称为整型常数或整常数,简称整数。在 C 语言中,整常数有八进制整常数、十六进制整常数和十进制整常数 3 种。

1) 八进制整常数

八进制整常数以 0 开头,也就是以 0 作为八进制数的前缀。数码取值为 0~7。八进制数通常是无符号整数。

下面是合法的八进制整常数：

    016(十进制为 14)　0105(十进制为 69)　0177777(十进制为 65535)

下面不是合法的八进制整常数：

        236(无前缀 0)　0138(包含了非八进制数码 8)

2) 十六进制整常数

十六进制整常数的前缀为 0X 或 0x。其数码取值为 0～9,A～F 或 a～f。

下面是合法的十六进制整常数：

    0X2B(十进制为 43)　0XA8(十进制为 168)　0xFFFF(十进制为 65535)

下面不是合法的十六进制整常数：

        5a(无前缀 0X)　0X3I(含有非十六进制数码 I)

3) 十进制整常数

十进制整常数没有前缀。其数码为 0～9。

下面是合法的十进制整常数：

        158　 －5698　65535　163

下面不是合法的十进制整常数：

        0168(不能有前导 0)　1598D（含有非十进制数码 D)

在 C 语言中,根据前缀来区分各种进制数。因此在书写常数时不要把前缀弄错,以免导致结果不正确。

4) 长整型常数

有的 C 编译器基本整型的长度为 16 位,因此表示的数的范围也是有限定的。十进制无符号整常数的范围为 0～65 535,有符号数为 －32 768～＋32 767。八进制无符号数的表示范围为 0～0177777。十六进制无符号数的表示范围为 0X0～0XFFFF。如果使用的数超过了上述范围,就必须用长整型数来表示。长整型数是用后缀 L 或 l 来表示的。例如：

    十进制长整常数　　158L　 －358000L

    八进制长整常数　　013L(十进制为 11)　077L(十进制为 63)

                0200000L(十进制为 65536)

    十六进制长整常数　0X16L(十进制为 22)　0XA8L(十进制为 168)

                0X10000L(十进制为 65536)

长整数 158L 和基本整常数 158 在数值上并无区别。但对 158L,因为是长整型量,C 编译系统通常将为它分配 4 字节存储空间。而对 158,因为是基本整型,有的 C 编译器只分配 2 字节的存储空间。因此在运算和输出格式上要予以注意,避免出错。无符号数也可用后缀表示,整型常数的无符号数的后缀为 U 或 u。例如,359u、0x38Bu、238Lu 均为无符号数。前缀和后缀可同时使用以表示各种类型的数。如 0XA8Lu 表示十六进制无符号长整数 A8,其十进制为 168。

说明：在 Visual C++ 6.0 中,基本整型的长度也为 32 位,所以在 Visual C++ 6.0 长整型与基本整型的长度与取值范围相同。

2. 整型变量

整型变量可分为如下几类。

（1）基本型：类型说明符为 int。

（2）短整型：类型说明符为 short int 或 short。

（3）长整型：类型说明符为 long int 或 long。

（4）无符号型：类型说明符为 unsigned。无符号型又可与上述 3 种类型匹配。

① 无符号基本型：类型说明符为 unsigned int 或 unsigned。

② 无符号短整型：类型说明符为 unsigned short int 或 unsigned short。

③ 无符号长整型：类型说明符为 unsigned long int 或 unsigned long。

定义整型变量的一般形式如下：

类型名　变量名 1[=常量 1],变量名 2[=常量 2],…;

说明：在本书的语法格式说明中，"[]"括起来的部分为可选部分。

例如：

```
int a=1,b;               /*a、b 为整型变量,并且 a 的初始值为 1*/
long i,j;                /*i、j 为长整型变量*/
unsigned m,n=2;          /*m、n 为无符号整型变量,并且 n 的初始值为 2*/
```

在定义变量时,应注意以下几点。

（1）允许在一个类型名后定义多个相同类型的变量,各变量名之间用","间隔。类型名与变量名之间至少用一个空格间隔。

（2）定义各变量时可以为各变量赋初始值。

（3）最后一个变量名之后必须以";"结尾。

（4）变量定义必须放在变量使用之前。一般放在函数体的开头部分。

例 2.2　定义变量程序示例,程序演示见 2021.mp4～2023.mp4。

```
/*文件路径名:e2_2\main.c*/
#include<stdio.h>                      /*包含库函数 printf()所需要的信息*/

int main(void)                         /*主函数 main()*/
{
    int m=5,n=18;               /*定义整型变量 m、n,并且 m 的初始值为 5, n 的初始值为 18*/
    printf("m=%d,n=%d\n",m,n);      /*输出 m、n 的值, %d 表示按十进制整数方式输出*/

    return 0;                          /*返回值 0,返回操作系统*/
}
```

程序运行时屏幕输出如下：

m=5,n=18

2.3.2　实型量

1. 实型常量

实型量也称为浮点型量。实型常量也称为实常数或者浮点常数，简称实数或者浮点数。在 C 语言中，实数只采用十进制。它有两种形式：十进制数形式和指数形式。

实常数不分单、双精度，都按双精度型处理。

（1）十进制数形式。由数码 0～9 和小数点组成。例如，0.1、26、5.089、0.16、5.0、300.1、1.、−267.823 等都为合法的实数。

（2）指数形式。由十进制数，加阶码标志"e"或"E"以及阶码（只能为整数，可以带符号）组成。其一般形式如下：

$$a \, En$$

其中，a 为十进制数，n 为十进制整数，其值为 $a \times 10^n$，例如，2.6E5（等于 2.6×10^5）、3.9E−2（等于 3.9×10^{-2}）、0.6E8（等于 0.6×10^8）、1.E8（等于 1.0×10^8）。

下面是不合法的实数：

E6（阶码标志 E 之前无数字）　3.−E6（负号位置不对）　1.6E（无阶码）

2. 实型变量

实型变量又称为浮点变量，分为单精度实型和双精度实型两类。单精度实型简称单精度型，双精度实型简称双精度型。

float 表示单精度型，double 表示双精度型。实型变量说明的格式和书写规则与整型相同，例如：

```
float x,y;                    /* x、y 为单精度实型变量 */
double a,b;                   /* a、b 为双精度实型变量 */
```

例 2.3　实型变量使用示例，程序演示见 2031.mp4～2033.mp4。

```
/* 文件路径名:e2_3\main.c */
#include<stdio.h>                    /* 包含库函数 printf()所需要的信息 */

int main(void)                       /* 主函数 main() */
{
    float x=11111.11999;             /* 定义单精度变量 x, 并初始化变量的值 */
    double y=4444444444.44444444444444;/* 定义双精度变量 y, 并初始化变量的值 */
```

```
    printf("%f\n%f\n",x,y);
        /* 输出实型值，%f 表示输出实数，可输出单精度实数与双精度实数 */

    return 0;                              /* 返回值 0，返回操作系统 */
}
```

程序运行时屏幕输出如下：

```
11111.120117
4444444444.444445
```

从本例可以看出，由于 x 是单精度实型，有效位数只有 6 位。而整数已占 5 位，故第一位小数是有效数字。y 是双精度型，有效位为 15 位，而整数已占 10 位，故前 5 位小数是有效数字。

2.3.3 字符型量

1. 字符型常量

字符型常量也称为字符常量。字符常量是用单引号括起来的一个字符。例如，'m'、'x'、'='、'一'、'#'都是合法字符常量，字符常量有以下特点。

(1) 字符常量只能用"''"括起来，不能用"''"或其他符号括起来。

(2) 字符常量只能是单个字符，不能是字符串。

(3) 字符可以是字符集中的任意字符。

2. 转义字符

转义字符实际上是一种特殊的字符常量。转义字符以"\"开头，后跟一个或几个字符。转义字符具有特定的含义，与字符原有的意义不同，故称"转义"字符。例如，在前面各例题 printf() 函数的格式控制字符串中用到的"\n"就是一个转义字符，其意义是"换行"。转义字符主要用来表示那些用一般字符不便于表示的控制代码，常用转义字符参见表 1.1。

例 2.4 转义字符使用示例，程序演示见 2041.mp4～2043.mp4。

```
/* 文件路径名：e2_4\main.c */
#include<stdio.h>                    /* 包含库函数 printf() 所需要的信息 */

int main(void)                       /* 主函数 main() */
{
    int a=4,b=5,c=6;                 /* 定义为 a、b、c */
    printf("%d\n\t%d %d\n",a,b,c);   /* 输出 a、b、c 的值 */
```

```
    return 0;                        /*返回值 0,返回操作系统*/
}
```

程序运行时屏幕输出如下:

```
4
        5 6
```

程序在第一列输出 a 值 4 之后就是"\n"(表示换行),故换行;接着又是"\t"(表示水平制表符),于是跳到下一制表位置,再输出 b 值 5;空一格再输出 c 值 6 后又是"\n"。

3. 字符型变量

字符型变量也称为字符变量。字符变量的取值为字符常量,也就是单个字符。字符变量的类型说明符是 char。字符变量类型说明的格式和书写规则都与整型变量相同。

在 C 语言中,字符变量可以当成整型量参与运算。允许对整型变量赋以字符值,也允许对字符变量赋以整型值。在输出时,允许把字符变量按整型量输出,也允许把整型量按字符量输出。

例 2.5 字符型变量编程示例,程序演示见 2051.mp4～2053.mp4。

```
/*文件路径名:e2_5\main.c*/
#include<stdio.h>                   /*包含库函数 printf()所需要的信息*/

int main(void)                      /*主函数 main()*/
{
    char ch1,ch2;                   /*定义字符型变量 a、b*/
    ch1=97;                         /*为 ch1 赋值*/
    ch2=98;                         /*为 ch2 赋值*/

    printf("%c,%c\n",ch1,ch2);
                    /*按字符型方式输出 ch1、ch2 的值,%c 表示按字符方式输出*/
    printf("%d,%d\n",ch1,ch2);
                    /*按整型方式输出 ch1、ch2 的值,%d 表示按十进制整数方式输出*/

    return 0;                       /*返回值 0,返回操作系统*/
}
```

程序运行时屏幕输出如下:

```
a,b
97,98
```

本程序中说明 ch1、ch2 为字符型,但在赋值语句中赋予整型值。从结果看,ch1、ch2

值的输出形式取决于 printf() 函数中的格式控制字符串中的格式字符串,当格式字符串为"%c"时,对应输出的变量值为字符,当格式字符串为"%d"时,对应输出的变量值为十进制整数。

例 2.6 大小字母转换示例,程序演示见 2061.mp4~2063.mp4。

```
/* 文件路径名:e2_6\main.c */
#include<stdio.h>                     /* 包含库函数 printf() 所需要的信息 */

int main(void)                        /* 主函数 main() */
{
    char letter='a';                  /* 定义字符型变量 letter, 并初始化为 'a' */

    letter=letter-32;                 /* 将小写字母转换为大写字母 */
    printf("%c\n", letter);           /* 输出 letter 的值 */

    return 0;                         /* 返回值 0, 返回操作系统 */
}
```

程序运行时屏幕输出如下:

A

本例中,letter 被定义为字符变量并赋予字符值,C 语言允许字符变量参与数值运算,即用字符的 ASCII 码参与运算。由于相应大小写字母的 ASCII 码相差 32,因此运算后把小写字母换成大写字母。然后按字符型输出。

4. 字符串常量

字符串常量是由"("和")"括起来的字符序列。例如,"China"、"C Program"、"$12.8"等都是合法的字符串常量。字符串常量和字符常量是不同的量。它们之间主要有以下区别。

(1) 字符常量由"''"括起来,字符串常量由""""括起来。

(2) 字符常量只能是单个字符,字符串常量则可以含一个或多个字符,甚至没有字符。

(3) 字符常量占 1 字节的内存空间。字符串常量占的内存字节数等于字符串中字符数加 1。增加的 1 字节中存放字符'\0'(ASCII 码为 0),这是字符串结束的标志。例如,字符串"China"在内存中所占的字节为 China\0。

2.3.4 符号常量

在 C 语言中,可以用一个标识符来表示一个常量,称为符号常量。符号常量在使用之前必须先定义，一般形式如下：

#define 标识符 常量

以#define开始的行是一条预处理命令（预处理命令都以"#"开头），以上对符号常量的定义称为宏定义命令，其功能是把该标识符定义为其后的常量值。一经定义，在其后程序中所有出现该标识符的地方均表示该常量值。习惯上符号常量的标识符用大写字母，变量标识符用小写字母，以示区别。

例2.7 符号常量示例，程序演示见2071.mp4～2073.mp4。

```
/* 文件路径名:e2_7\main.c */
#include<stdio.h>                    /* 包含库函数 printf()所需要的信息 */
#define PI 3.14159                   /* 定义符号常量 */

int main(void)                       /* 主函数 main() */
{
    double s,r=6;                    /* 定义变量 */
    s=PI*r*r;                        /* 计算以 r 为半径的圆面积 */

    printf("圆面积:%f\n", s);        /* 输出圆面积 */

    return 0;                        /* 返回值 0, 返回操作系统 */
}
```

程序运行时屏幕输出如下：

圆面积:113.097240

在程序中，在主函数之前由宏定义命令定义PI为3.14159，在程序中即以该值代替PI。s＝PI*r*r等效于s＝3.14159*r*r。

2.3.5 类型转换

1. 变量类型的转换

变量的数据类型可以进行转换。转换的方法有两种：自动转换和强制转换。

1）自动类型转换

自动转换发生在不同数据类型的量进行混合运算时，由编译系统自动完成转换。自动转换遵循以下规则。

① 如果参与运算的量类型不同，则先转换成同一类型，然后进行运算。

② 转换按数据长度短的转换为数据长度长的类型，以保证精度不降低。如 short int

型和 long 型运算时,先把 short int 型转换成 long 型后再进行运算。

③ 所有的浮点运算都是以双精度进行的,即使仅含 float 单精度量运算的表达式,也要先转换成 double 型,再进行运算。

④ char 型和 short 型参与运算时,必须先转换成 int 型。

⑤ 在赋值运算中,赋值号两边量的数据类型不同时,赋值号右边量的类型将自动转换为左边量的类型。如果右边量的数据类型长度大于左边量长度时,将丢失一部分数据,这样会降低精度。

例 2.8 自动类型转换示例,程序演示见 2081.mp4~2083.mp4。

```
/*文件路径名:e2_8\main.c*/
#include<stdio.h>                    /*包含库函数 printf()所需要的信息*/
#define PI 3.14159                   /*定义符号常量*/

int main(void)                       /*主函数 main()*/
{
    int s,r=6;                       /*定义变量*/
    s=PI*r*r;                        /*计算以 r 为半径的圆面积*/

    printf("圆面积:%d\n", s);        /*输出圆面积*/

    return 0;                        /*返回值 0,返回操作系统*/
}
```

程序运行时屏幕输出如下:

圆面积:113

在本例程序中,PI 为符号常量;s、r 为整型。在执行 s=PI*r*r 语句时,r 和 PI 都转换成 double 型计算,结果也为 double 型。但由于 s 为整型,故赋值结果仍为整型,舍去了小数部分。

2)强制类型转换

强制类型转换是通过类型转换运算来实现的,其一般形式如下:

(类型名) 表达式

功能是将表达式的运算结果强制转换成类型名所表示的类型。例如,(float)(m+n)将 m+n 的值转换为实型,在使用强制转换时应注意以下问题。

① 表达式一般必须加"()",单个变量或常量可以不加"()",例如,将(int)(x+y)写成 (int)x+y 则变为把 x 转换成 int 型之后再与 y 相加了。

② 无论是强制转换或是自动转换,都不改变对该变量定义的类型。

例 2.9 强制类型转换示例,程序演示见 2091.mp4～2093.mp4。

```
/*文件路径名:e2_9\main.c*/
#include<stdio.h>                    /*包含库函数printf()所需要的信息*/

int main(void)                       /*主函数main()*/
{
    double d=5.68;                   /*定义变量*/

    printf("(int)d=%d\n",(int)d);    /*输出d转换为整型量的值*/
    printf("d=%f\n",d);              /*输出d的值*/

    return 0;                        /*返回值0,返回操作系统*/
}
```

程序运行时屏幕输出如下:

```
(int)d=5
d=5.680000
```

在本例中,(int)d 的值为 5,而 d 的值仍为 5.68,表明 d 虽强制转换为 int 型,但只在运算中起作用。

2.4 基本运算符和表达式

2.4.1 运算符的种类、优先级和结合性概述

在 C 语言中,丰富的运算符和表达式使 C 语言功能完善,这也是 C 语言的重要特点之一。

C 语言的运算符不但具有不同的优先级,而且还具有结合性。在表达式中,各运算量参与运算的先后顺序不仅要遵守运算符优先级别的规定,还要受到运算符结合性的制约,以便确定是自左向右进行运算还是自右向左进行运算。这种结合性是其他高级语言的运算符所没有的,因此也增加了学习 C 语言的难度。

C 语言的运算符的种类可分为以下几类。

(1) 算术运算符:用于各类数值运算,包括加(+)、减(-)、乘(*)、除(/)、求余(或称模运算%)、自增(++)、自减(--)共 7 种。

(2) 关系运算符:用于比较运算,包括大于(>)、小于(<)、等于(==)、大于或等于

（＞＝）、小于或等于（＜＝）和不等于（!＝）共 6 种。

（3）逻辑运算符：用于逻辑运算。包括与（&&）、或（‖）、非（!）共 3 种。

（4）位操作运算符：参与运算的量，按二进制位进行运算。包括位与（&）、位或（|）、位非（~）、位异或（^）、左移（<<）、右移（>>）共 6 种。

（5）赋值运算符：用于赋值运算，分为简单赋值（＝）、复合算术赋值（＋＝、－＝、＊＝、/＝、%＝）以及复合位运算赋值（&＝、|＝、^＝、>>＝、<<＝）三类共 11 种。

（6）条件运算符：条件运算符是一个三目运算符（即有 3 个量参与运算），用于条件求值（?:）。

（7）逗号运算符：用于将若干表达式组合成一个表达式（,）。

（8）指针运算符：包括取内容"＊"和取地址"&"共两种运算。

（9）求字节数运算符：用于计算数据类型对应变量所占的字节数（sizeof）。

（10）特殊运算符：包括"（）""[]""—>""."等。

2.4.2　优先级和结合性

在 C 语言中，运算符的优先级共分为 15 级，其中第 1 级最高，第 15 级最低，参见附录 C。在表达式中，优先级较高的运算符先于优先级较低的运算符进行运算。"（）"的优先级为 1，其优先级最高，可通过加"（）"改变运算顺序。在一个运算量两侧的运算符优先级相同时，按运算符的结合性规定的结合方向处理。C 语言中运算符的结合性分为两种，包括左结合性（自左至右）和右结合性（自右至左）。例如，算术运算符的结合性是自左至右的，即先左后右。如有表达式 x＊y/z 则应先执行"＊"运算，再执行"/"运算。这种自左至右的结合方向就称为"左结合性"。反之，自右至左的结合方向称为"右结合性"。最典型的右结合性运算符是赋值运算符。如 m＝n＝k，由于"＝"的右结合性，应先执行 n＝k 再执行 m＝（n＝k）运算。

1. 基本的算术运算符

（1）加法运算符（＋）：双目运算符，应有两个量参与加法运算，如 m＋n，4＋8 等。具有左结合性。

（2）减法运算符（－）：双目运算符，如 x－y，6－8 等。具有左结合性。

（3）乘法运算符（＊）：双目运算符，如 x＊y，5＊6 等。具有左结合性。

（4）除法运算符（/）：双目运算符，如 a/b，1.6/2 等。具有左结合性。参与运算量均为整型时，结果也为整型，舍去小数。如果运算量中有一个是实型，则结果为双精度实型。

例 2.10　除法运算符（/）示例，程序演示见 2101.mp4~2103.mp4。

```
/* 文件路径名:e2_10\main.c */
#include<stdio.h>                    /* 包含库函数 printf() 所需要的信息 */
```

```
int main(void)                          /* 主函数 main() */
{
    printf("%d,%d\n",20/7,-20/7);       /* 整数除法运算 */
    printf("%f,%f\n",20.0/7,-20.0/7);   /* 实数除法运算 */

    return 0;                           /* 返回值 0, 返回操作系统 */
}
```

程序运行时屏幕输出如下：

```
2,-2
2.857143,-2.857143
```

在本例中，20/7,-20/7 的结果均为整型，小数全部舍去。而 20.0/7 和 -20.0/7 由于有实数参与运算，因此结果也为实型。

"*""/""%"的优先级为 3，"+""-"的优先级为 4，"*""/""%"的优先级高于"+""-"的优先级。

例 2.11 求余运算符(%)示例，程序演示见 2111.mp4～2113.mp4。

```
/* 文件路径名:e2_11\main.c */
#include<stdio.h>                       /* 包含库函数 printf()所需要的信息 */

int main(void)                          /* 主函数 main() */
{
    printf("%d\n",16%3);                /* 求余运算 */

    return 0;                           /* 返回值 0, 返回操作系统 */
}
```

程序运行时屏幕输出如下：

```
1
```

求余运算符(%)要求参与运算的量均为整型。本例输出 16 除以 3 所得的余数为 1。

2. 自增 1、自减 1 运算符

自增运算符又称自加运算符，自增 1 运算符为 ++，功能是使变量的值自增 1。自减 1 运算符为 --，功能是使变量值自减 1。自增、自减 1 运算符均为单目运算，优先级都为 2，比基本的算术运算符的优先级高，都具有右结合性。具有如下几种形式。

（1）++i：i 自增 1 后再参与其他运算。

（2）--i：i 自减 1 后再参与其他运算。

（3）i＋＋：i 参与运算后，i 的值再自增 1。

（4）i－－：i 参与运算后，i 的值再自减 1。

例 2.12 自增 1、自减 1 运算符示例，程序演示见 2121.mp4～2123.mp4。

```
/* 文件路径名:e2_12\main.c */
#include<stdio.h>                    /* 包含库函数 printf()所需要的信息 */

int main(void)                       /* 主函数 main() */
{
    int i=8;                         /* 定义整型变量 */

    printf("%d\n",++i);              /* ++i 值为 9, 运算后 i 的值为 9 */
    printf("%d\n",--i);              /* --i 值为 8, 运算后 i 的值为 8 */
    printf("%d\n",i++);              /* i++值为 8, 运算后 i 的值为 9 */
    printf("%d\n",i--);              /* i--值为 9, 运算后 i 的值为 8 */

    return 0;                        /* 返回值 0, 返回操作系统 */
}
```

程序运行时屏幕输出如下：

```
9
8
8
9
```

3. 算术表达式

算术表达式是由常量、变量、函数、算术运算符和"（）"连接起来的表达式。表达式求值按运算符的优先级和结合性规定的顺序进行。单个的常量、变量和函数可以看作算术表达式的特例。以下是算术表达式的例子：

$$x+y \qquad (y*2)/a \qquad (x+y)*8-(a+8)/7$$
$$++k \qquad \sin(a)+\sin(x) \qquad (++k)-(m++)+(j--)$$

4. 简单赋值运算符和表达式

简单赋值运算符为"＝"。简单赋值运算符一般称为赋值运算符、赋值符或赋值号，由"＝"连接的式子称为简单赋值表达式，简称为赋值表达式。一般形式如下：

变量=表达式

例如：

x=a+b

赋值表达式的功能是计算赋值运算符右边的表达式的值再将此表达式的值赋给左边的变量。赋值运算符的优先级为 14,其优先级比较低,仅高于逗号运算符的优先级。赋值运算符具有右结合性。因此 x＝y＝z＝6 可理解为 x＝(y＝(z＝6))。

在 C 语言中,把"＝"定义为运算符,从而组成赋值表达式。凡是表达式可以出现的地方,都可出现赋值表达式。例如,式子 x＝(m＝6)＋(n＝8)是合法的。它的意义是把 6 赋予 m,8 赋予 n,再把 m、n 相加,并将和赋予 x,故 x 应等于 14。

C 语言中也可以组成赋值语句,按照 C 语言规定,任何表达式在末尾加上";"就构成语句。因此

x＝6;
a＝b＝c＝6;

都是赋值语句,在前面各例中已大量使用了赋值语句。

如赋值运算符两边的数据类型不相同,系统会自动将赋值运算符右边的类型换成左边的类型。具体规定如下。

(1) 实型赋予整型,舍去小数部分。

(2) 整型赋予实型,数值不变,但将以浮点形式存放,即增加小数部分(小数部分的值为 0)。

(3) 字符型赋予整型,由于字符型为 1 字节,而整型至少为 2 字节,故将字符的 ASCII 码值存放到整型量的低 8 位中,其他各位为 0。

(4) 整型赋予字符型,只将低 8 位赋予字符量。

例 2.13 简单赋值运算符及表达式示例,程序演示见 2131.mp4~2133.mp4。

```
/* 文件路径名:e2_14\main.c */
#include<stdio.h>                      /* 包含库函数 printf()所需要的信息 */

int main(void)                         /* 主函数 main() */
{
    int i,j,k=354;                     /* 定义整型变量 */
    double x,y=8.88;                   /* 定义实型变量 */
    char c1='a',c2;                    /* 定义字符型变量 */

    i=y;                               /* 将实型量赋值给整型量 */
    x=k;                               /* 将整型量赋值给实型量 */
    j=c1;                              /* 将字符型量赋值给整型量 */
    c2=k;                              /* 将整型量赋值给字符型量 */
```

```
    printf("%d,%f,%d,%c\n",i,x,j,c2);            /*输出各变量的值*/

    return 0;                                    /*返回值0,返回操作系统*/
}
```

程序运行时屏幕输出如下:

8, 354.000000, 97, b

本例程序表明了赋值运算中类型转换的规则。i为整型,被赋予实型量 y 值 8.88 后只取整数 8。x 为实型,被赋予整型量 k 值 354 后增加了小数部分。字符型量 c1 赋予 j 变为整型,字符'a'的 ASCII 码为 97,所以 j 的值为 97,整型量 k 赋予 c2 后取其低 8 位成为字符型(参考 1.3.2 节的除 2 取余法将 k 转换成二进制数,k 的低 8 位为 01100010,即十进制 98。实际上,k 的低 8 位值为 k%256,按 ASCII 码对应于字符'b')。

5. 复合赋值运算的运算符及表达式

在赋值运算符(=)之前加上其他二目运算符就构成复合赋值运算符。例如:

$$+=、-=、*=、/=、\%=、<<=、>>=、\&=、^=、|=$$

构成复合赋值表达式的一般形式如下:

变量 二目运算符=表达式

它等效于

变量=变量 运算符 表达式

例如,k+=6 等价于 k=k+6,x*=y+7 等价于 x=x*(y+7),m%=n 等价于 m=m%n。

注意:复合赋值运算符的这种写法,对初学者可能不习惯,但能提高编译效率并产生质量较高的目标代码。

6. 逗号运算符

C 语言中,",",也是一种运算符,称为逗号运算符。其功能是把两个表达式连接起来组成一个表达式,这样的表达式称为逗号表达式。逗号表达式的优先级为 15,在所有运算符中其优先级最低,具有左结合性。

逗号表达式的一般形式如下:

表达式 1,表达式 2

求值过程是分别求两个表达式的值,并以表达式 2 的值作为整个逗号表达式的值。

例 2.14 逗号运算符及表达式的示例,程序演示见 2141.mp4~2143.mp4。

```
/ * 文件路径名:e2_14\main.c * /
#include<stdio.h>                        / * 包含库函数 printf()所需要的信息 * /
int main(void)                           / * 主函数 main() * /

{
    int a=2,b=4,c=6,x,y,z;               / * 定义变量 * /
    z=(x=a+b,y=b+c);                     / * 逗号表达式 * /
    printf("x=%d,y=%d,z=%d\n",x,y,z);    / * 输出变量的值 * /
    return 0;                            / * 返回值 0,返回操作系统 * /
}
```

程序运行时屏幕输出如下:

```
x=6,y=10,z=10
```

在本例中,x 等于 a+b 的值,其值为 6;y 等于 b+c 的值,其值为 10;z 的值为逗号表达式(x=a+b,y=b+c)的值,其值为第二个表达式 y=b+c 的值,其值为 10。

对于逗号表达式还要说明两点。

(1) 逗号表达式一般形式中的表达式 1 和表达式 2 也可以是逗号表达式。例如,表达式 1,(表达式 2,表达式 3),形成了嵌套。因此可以把逗号表达式扩展为以下形式:

表达式 1,表达式 2,…,表达式 n

整个逗号表达式的值等于表达式 n 的值。

(2) 并不是在所有出现逗号的地方都组成逗号表达式,如在变量说明中的逗号只是用作各变量之间的间隔符。

2.5 程 序 陷 阱

本章中主要讨论语法方面的编程错误,这些错误由编译器捕捉,在有错误的情况下编译器一般不会产生可执行的输出文件。对于工程 trap2_1 中的文件 main.c 中包含如下代码,因为代码在语法上是不正确的,当编译时,会产生错误消息。错误消息的具体形式随编译器的不同而不同,但一般而言消息的内容是类似的。

```
/ * 文件路径名: trap2_1\main.c * /
#include<stdio.h>                        / * 标准输入输出头文件 * /

int main(void)                           / * 主函数 main() * /
{
    int a=1,b=2,c;                       / * 定义变量 a、b、c * /

    c=(a+b)/2                            / * 计算 c 的值 * /
    printf("c=%d\n",c);                  / * 输出 c 的值 * /
}
```

假设在 Visual C++ 6.0 系统上编译这个程序,将产生如下的一些信息:

```
----------------Configuration: test_2-Win32 Debug----------------
Compiling...
main.c
C:\test\main.c(9) : error C2146: syntax error : missing ';' before identifier 'printf'
    Error executing cl.exe.
```

信息中列出了包含代码的文件名以及错误出现的行号。当用鼠标双击显示错误的信息的行"C:\test\main.c(9): error C2146: syntax error: missing ';' before identifier 'printf'"时,光标将停在有错误的行,错误信息是容易理解的,上面的信息显示: 在 printf 前遗漏了";"。

根据作者的经验,再熟练的程序员,只要编写几十行的程序,几乎都有语法错误,对于初学者,可能会因为不知如何改正错误而丧失编程的兴趣。实际上通过集成编程环境很容易发现错误与改正错误,一般地,如果显示有多个错误,首先改正第一个错误,然后再重新编译,这时可能就没有其他语法错误了,当然如果还有语法错误,继续修改编译直到没有语法错语为止。通过实际上机发现错误并改正错误比单纯看书效果更好,更容易提高编程水平。

习 题 2

一、选择题

1. 下列定义变量的语句中错误的是_____。
   A. int _int;　　　　B. double int_;　　　　C. char For　　　　D. float US$;
2. 以下不合法的用户标识符是_____。
   A. j2_KEY　　　　B. Double　　　　C. 4d　　　　D. _8
3. 以下不合法的数值常量是_____。
   A. 011　　　　B. 1e1　　　　C. 8.0E0.5　　　　D. 0xabcd
4. 以下不合法的字符常量是_____。
   A. '\018'　　　　B. '\"'　　　　C. '\\'　　　　D. '\xcc'
5. 以下程序的功能是计算半径为 r 的圆面积 s。程序在编译时出错。

```
/* 文件路径名:ex2_1_5\main.c */
#include<stdio.h>                    /* 标准输入输出头文件 */

int main(void)                       /* 主函数 main() */
{
    float r=6,s;                     /* 半径 r 与面积 s */

    s=π*r*r;                         /* 计算面积 */
```

```
    printf("s=%f\n",s);                    /*输出面积*/

    return 0;                              /*返回值0，返回操作系统*/
}
```

出错的原因是_____。

    A. 注释语句书写位置错误

    B. 输入语句中格式描述符非法

    C. 输出语句中格式描述符非法

    D. 计算圆面积的赋值语句中使用了非法变量

6. 以下不能定义为用户标识符的是_____。

    A. Main   B. _0   C. _int   D. sizeof

7. 在C语言中，合法的长整型常数是_____。

    A. 0L   B. 496271♯   C. 32458&   D. 216D

8. 在Visual C++ 6.0中，int类型变量所占的字节数是_____。

    A. 1   B. 2   C. 3   D. 4

9. 以下选项中可作为C语言合法常量的是_____。

    A. −80.   B. −080   C. −8e1.0   D. −80.0e

10. 以下合法的字符型常量是_____。

    A. '\x13'   B. '\081'   C. '65'   D. "\n"

11. 有以下程序：

```
/*文件路径名:ex2_1_11\main.c*/
#include<stdio.h>                          /*包含库函数printf()所需要的信息*/

int main(void)                             /*主函数main()*/
{
    char a1='M',a2='m';                    /*定义变量*/
    printf("%c\n",(a1,a2));                /*输出(a1,a2)*/

    return 0;                              /*返回值0，返回操作系统*/
}
```

以下叙述中正确的是_____。

    A. 程序输出大写字母M   B. 程序输出小写字母m

    C. 格式说明符不足，编译出错   D. 程序运行时产生出错信息

12. 有以下程序：

```
/*文件路径名:ex2_1_12\main.c*/
#include<stdio.h>                          /*包含库函数printf()所需要的信息*/

int main(void)                             /*主函数main()*/
{
```

```
    int m=12,n=34;                         /* 定义变量 */

    printf("%d%d",m++,++n);                 /* 输出 m++和++n */
    printf("%d%d\n",n++,++m);               /* 输出 n++和++m */

    return 0;                               /* 返回值 0, 返回操作系统 */
}
```

程序运行后的输出结果是_____。

    A. 12353514   B. 12353513   C. 12343514   D. 12343513

*13. 在以下叙述中,错误的是_____。

    A. C 语言源程序经编译后生成后缀为.obi 的目标程序

    B. C 语言经过编译、链接步骤之后才能形成一个真正可执行的二进制机器指令
       文件

    C. 用 C 语言编写的程序称为源程序,它以 ASCII 代码形式存放在一个文本文
       件中

    D. C 语言的每条可执行语句和非执行语句最终都将被转换成二进制的机器指令

二、填空题

1. 表达式(int)((double)(5/2)+2.5)的值为_____。

2. 已知字母 A 的 ASCII 码为 65,以下程序运行后的输出结果是_____。

```
/* 文件路径名:ex2_2_2\main.c */
#include<stdio.h>                          /* 包含库函数 printf()所需要的信息 */

int main(void)                             /* 主函数 main() */
{
    char a,b;                              /* 定义字符变量 */

    a='A'+'5'-'3'; b=a+'6'-'7';            /* 赋值运算 */
    printf("%d %c\n",a,b);                 /* 输出 a、b */

    return 0;                              /* 返回值 0, 返回操作系统 */
}
```

3. 执行以下程序后的输出结果是_____。

```
/* 文件路径名:ex2_2_3\main.c */
#include<stdio.h>                          /* 包含库函数 printf()所需要的信息 */

int main(void)                             /* 主函数 main() */
{
    int a=10;                              /* 定义变量 */
```

```
        a=(3*5,a+4);                    /* 逗号表达式 */
        printf("a=%d\n",a);             /* 输出 a */

        return 0;                       /* 返回值 0, 返回操作系统 */
}
```

三、编程题

1. 已知一个整型变量 i, 其值为 9, 要求从屏幕上输出 i 的值。

2. 已知 3 个双精度实型变量 a、b 与 c, 其值分别是 5.6、1.8 和 8.9, 要求输出这 3 个数的平方和。

* 3. 将 "China" 译为密码, 用原来的字母后的第 3 个字母代替原来的字母, 例如, 字母 'A' 后面的第 3 个字母为 'D', 用 'D' 代替 'A', 可以发现 "China" 应译为 "Fklqd"。试编一个程序, 用赋初值的方法使 ch1、ch2、ch3、ch4 和 ch5 这 5 个字符型变量的值分别为 'C'、'h'、'i'、'n' 和 'a', 经过运算, 使 ch1、ch2、ch3、ch4 和 ch5 的值分别变为 'F'、'k'、'l'、'q' 和 'd', 并输出变换后的密码。

4. 设圆半径 $r=1.6$, 求圆面积和圆周长, 并输出计算结果。

5. 华氏温度(F)转换为摄氏温度(C)的公式如下:

$$C = \frac{5}{9}(F - 32)$$

编程计算并输出华氏温度 100 对应的摄氏温度。

第 3 章 C 语言程序结构及相关语句

从程序流程的角度看,程序可以分为 3 种基本结构:顺序结构、分支结构、循环结构。这 3 种基本结构可以组成所有复杂程序。C 语言提供了多种语句来实现这些程序结构。本章将介绍这些基本语句及其应用,为后面各章的学习打下基础。

3.1 相 关 知 识

3.1.1 算法描述方法

算法一般可以用以下两种方法进行描述。

(1)伪代码。采用近似高级语言但又不受语法约束的语言描述。

(2)流程图。传统的流程图常用的符号如图 3.1 所示,由这些框和流程线组成的流程图来表示算法,形象直观,简单方便,但在描述复杂算法时不易阅读。

  (a) 开始或结束框 (b) 处理框 (c) 输入输出框 (d) 判断框

图 3.1 流程图常用符号

3.1.2 结构化程序

结构化程序设计方法是程序设计的先进方法,结构化程序设计是一种使用顺序、分支和循环共 3 种基本控制结构,并且使用这 3 种基本结构足以表达出各种其他形式的结构的程序设计方法。

(1)顺序结构。在执行时按照先后顺序逐条进行,没有分支,没有循环。例如后面介绍的赋值语句、输入输出语句等都可以构成顺序结构。顺序结构可用图 3.2 所示的流程图来表示。

(2)分支结构。分支结构也称为选择结构,根据不同的条件去执行不同分支中的语句,如后面章节中介绍的 if 语句、switch 语句等都可以构成分支结构。分支结构可用图 3.3 所示的流程图来表示。

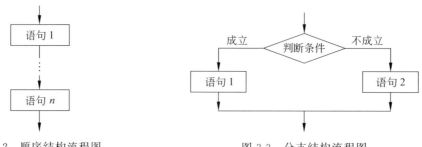

图 3.2 顺序结构流程图   图 3.3 分支结构流程图

（3）循环结构。根据各自的条件，使同一组语句重复执行多次或一次也不执行。循环结构包括当型循环（如图 3.4(a)所示）和直到型循环（如图 3.4(b)所示）。当型循环的特点是，当指定的条件满足时，就执行循环体，否则就不执行。直到型循环的特点是，执行循环体直到指定的条件不成立，就不再执行循环。

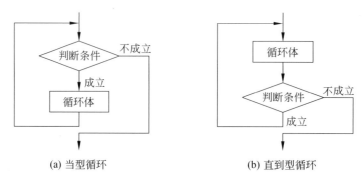

(a) 当型循环   (b) 直到型循环

图 3.4 循环结构流程图

*3.1.3 模块化结构

计算机在处理复杂任务时，常常需要把大任务分解为若干子任务，每个子任务又分解成很多个小子任务，每个小子任务只完成一项简单的功能。在程序设计时，用一个个模块来实现这些功能。这样的程序设计方法称为"模块化"程序设计方法，由一个个功能模块构成的程序结构就称为"模块化结构"。模块化结构可以大幅提高程序编制的效率。

C 语言是一种结构化程序设计语言。它直接提供了 3 种基本结构的语句；提供了定义"函数"的功能，用函数实现模块化结构。

3.2 顺 序 语 句

3.2.1 C 程序的语句

C 程序的执行部分由语句组成，程序的功能也由执行语句来实现。C 语句可分 5 类：表达式语句、函数调用语句、控制语句、复合语句和空语句。

1. 表达式语句

表达式语句由表达式加上分号(;)组成。一般形式如下：

表达式;

执行表达式语句就是计算表达式的值。例如：

c=a+b;

是赋值语句。

a+b;

是加法运算语句,计算结果不能保留,无实际意义。

i++;

是自增1语句,i值增1。

2. 函数调用语句

由函数名、实际参数表加上";"组成。一般形式如下：

函数名(实际参数表);

执行函数语句是调用函数体并将实际参数赋予函数定义中的形式参数,然后执行被调用函数体中的语句,求取函数值。

3. 控制语句

控制语句用于控制程序的流程,它们由特定的语句定义符组成,用于实现程序的各种结构方式,在后面章节将进行详细介绍。

4. 复合语句

将任意多条语句用"{}"括起来组成的一个语句称为复合语句。在程序中应把复合语句看成单条语句,而不是多条语句,例如：

```
{
    k=i+j;
    a=b-c;
    printf("%d,%d",k,a);
}
```

是一条复合语句。复合语句内的各条语句都以";"结尾,在"}"外不用加";"。

5. 空语句

只由";"组成的语句称为空语句。空语句什么也不执行。在程序中空语句可用作空循环体。例如：

```
while(getchar()!='\n');
```

本语句的功能是,只要从键盘输入的字符(用"getchar()"实现)不是回车符则重新输入。这里的循环体为空语句。

3.2.2 数据输出语句

数据输出语句用于向标准输出设备显示器输出数据。在 C 语言中,所有数据输入输出都由库函数完成。因此都是函数语句。本节介绍 printf()函数和 putchar()函数。

1. 格式化输出函数 printf()

printf()函数称为格式化输出函数,其中函数名最后一个字母 f 的含义是格式(format)。printf()函数的功能是按用户指定的格式,将指定的数据显示到显示器屏幕上。

1) printf()函数调用的一般形式

printf()函数为一个库函数,函数原型在头文件 stdio.h 中。printf()函数调用的一般形式如下:

```
printf("格式控制字符串",输出表)
```

其中,格式控制字符串用于指定输出格式。格式控制字符串由格式字符串和非格式字符串两种组成。格式字符串是以"%"开头的字符串,在"%"后面跟有各种格式字符,以说明输出数据的类型、长度、小数位数等。例如,%d 表示按十进制整型输出,%ld 表示按十进制长整型输出,%c 表示按字符型输出,后面将专门给予讨论。

非格式字符串在输出时按原样显示,在显示中起提示作用。输出表中给出了各输出项,要求格式字符串和各输出项在数量和类型上应一一对应。

例 3.1 printf()函数示例,程序演示见 3011.mp4~3013.mp4。

```c
/*文件路径名:e3_1\main.c*/
#include<stdio.h>                    /*包含库函数 printf()所需的信息*/

int main(void)                       /*主函数 main()*/
{
    int a=65, b=66;                  /*定义变量*/

    printf("%d %d\n",a,b);           /*格式化输出 a 和 b*/
    printf("%d,%d\n",a,b);           /*格式化输出 a 和 b*/
    printf("%c,%c\n",a,b);           /*格式化输出 a 和 b*/
    printf("a=%d,b=%d\n",a,b);       /*格式化输出 a 和 b*/

    return 0;                        /*返回值 0,返回操作系统*/
}
```

程序运行时屏幕输出如下：

```
65 66
65,66
A,B
a=65,b=66
```

本例程序中 4 次输出了 a、b 的值，但由于格式控制串不同，输出的结果也不相同。第 1 个 printf() 函数输出语句的格式控制字符串中，两个格式控制字符串%d 之间加了一个空格（非格式字符），输出的 a、b 值之间有一个空格。第 2 个 printf() 函数输出语句的格式控制字符串中加入的是非格式字符"，"，因此输出的 a、b 值之间加了一个"，"。第 3 个 printf() 函数输出语句的格式字符串要求按字符型输出 a、b 值。第 4 个 printf() 函数输出语句为了提示输出结果又增加了非格式字符串。

2）格式字符串

格式字符串的一般形式如下：

%[标志][输出最小宽度][.精度][长度]类型

其中，"[]"中的项为可选项。各项的意义介绍如下。

① 类型。类型字符用于表示输出数据的类型，如表 3.1 所示。

表 3.1   printf() 函数格式字符串中的类型字符

类 型 字 符	意 义
d、i	d 和 i 都用于以十进制形式输出整数
o	以八进制形式输出无符号整数
x	以十六进制形式输出无符号整数
u	以十进制形式输出无符号整数
f	以小数形式输出单、双精度实数
e	以指数形式输出单、双精度实数
g	以%f 和%e 中较短的输出宽度输出单、双精度实数
c	输出单个字符
s	输出字符串

② 标志。标志字符有一、+、空格、0 和＃这 5 种，其意义如表 3.2 所示。

表 3.2   printf() 函数格式中的标志字符

标 志 字 符	意 义
—	结果左对齐，右边填空格
＋	输出符号（正号或负号）
空格	输出值为正时冠以空格，为负时冠以负号

标 志 字 符	意　　义
0	用 0 进行前位填充
#	对 c、s、d、u 类型无影响；对 o 类型，在输出时加前缀 0；对 x 类型，在输出时加前缀 0x；对 e、g、f 类型，当结果有小数时才给出小数点

③ 输出最小宽度。用十进制整数来表示输出的最少位数，如果实际位数多于指定的宽度，则按实际位数输出，如果实际位数少于指定的宽度则补以空格或 0。

④ 精度。精度格式符以“.”开头，后跟十进制整数。具体的意义是，如果输出实数，则表示小数的位数；如果输出的是字符串，则表示输出字符的最大个数。

⑤ 长度。长度格式符为 h、l 两种，h 表示按短整型量输出，l 表示按长整型量输出。

例 3.2　printf() 函数格式字符串使用示例，程序演示见 3021.mp4～3023.mp4。

```
/* 文件路径名:e3_2\main.c */
#include<stdio.h>                          /* 包含库函数 printf() 所需要的信息 */

int main(void)                             /* 主函数 main() */
{
    int a=168;                            /* 定义整型变量 */
    float b=1243.1698;                    /* 定义单精度实型变量 */
    double c=2421985.50168;               /* 定义双精度实型变量 */
    char d='a';                           /* 定义字符型变量 */

    printf("a=%d,%5d,%o,%x\n",a,a,a,a);   /* 输出 a */
    printf("b=%f,%lf,%5.4lf,%e\n",b,b,b,b); /* 输出 b */
    printf("c=%lf,%f,%8.4lf\n",c,c,c);    /* 输出 c */
    printf("d=%c,%8c\n",d,d);             /* 输出 d */

    return 0;                             /* 返回值 0, 返回操作系统 */
}
```

程序运行时屏幕输出如下：

```
a=168,168,250,a8
b=1243.169800,1243.169800,1243.1698,1.243170e+003
c=2421985.501680,2421985.501680,2421985.5017
d=a,       a
```

本例第 1 个 printf() 函数以 4 种格式输出整型变量 a 的值，其中%5d 要求输出宽度为 5,而 a 值为 168 只有 3 位,故补两个空格。第 2 个 printf() 函数以 4 种格式输出实型量 b 的值。其中%f 和%lf 格式的输出相同,说明符 l 对 f 类型无影响。%5.4lf 指定输出宽度 为 5,精度为 4,由于实际长度超过 5,故应该按实际位数输出,小数位数超过 4 位部分被 截去。第 3 个 printf() 函数输出双精度实数,%8.4lf 由于指定精度为 4 位,故截去了超过 4 位的部分。第 4 个 printf() 函数输出字符量 d,其中%8c 指定输出宽度为 8,故在输出字 符'a'之前补加 7 个空格。

注意:不同的编译系统输出表的求值顺序不一定相同,可以从左到右,也可以从右 到左。Visual C++ 6.0、Visual C++ 2022 和 Dev-C++ 5.11 是按从右到左的顺序进行的。

例 3.3 printf() 函数输出表的求值顺序示例,程序演示见 3031.mp4~3033.mp4。

```
/* 文件路径名:e3_3\main.c */
#include<stdio.h>                        /* 包含库函数 printf() 所需要的信息 */

int main(void)                           /* 主函数 main() */
{
    int i=6,a,b,c;                       /* 定义变量 */
    printf("%d,%d,%d\n",a=++i,b=++i,c=++i);           /* 输出各表达式的值 */

    return 0;                            /* 返回值 0, 返回操作系统 */
}
```

在 Visual C++ 6.0、Visual C++ 2022 和 Dev-C++ 5.11 中,程序运行时屏幕输出如下:

9,8,7

2. 字符输出函数 putchar()

putchar() 函数用于输出字符,功能是在显示器上显示单个字符。函数原型在头文件 stdio.h 中,一般形式如下:

putchar(字符)

例如:

```
putchar('a');            /* 用于输出小写字母 a */
putchar(x);              /* 用于输出字符变量 x 的值 */
putchar('\n');           /* 用于换行,对控制字符则执行控制功能,不在屏幕上显示 */
```

例 3.4 putchar() 函数使用示例,程序演示见 3041.mp4~3043.mp4。

```
/*文件路径名:e3_4\main.c*/
#include<stdio.h>                              /*标准输入输出头文件*/

int main(void)                                 /*主函数main()*/
{
    char a='A',b='o',c='m';                    /*定义字符型变量*/

    putchar(a); putchar(b); putchar(b); putchar('\t');
                                               /*输出字符,'\t'为制表符*/
    putchar(a); putchar(b); putchar('\n');     /*输出字符,'\n'为换行符*/
    putchar(b); putchar(c); putchar('\n');     /*输出字符,'\n'为换行符*/

    return 0;                                  /*返回值0,返回操作系统*/
}
```

程序运行时屏幕输出如下:

```
Aoo    Ao
om
```

3.2.3 数据输入语句

C语言的数据输入是由函数语句完成的。本节介绍从标准输入设备键盘上输入数据的函数 scanf()和 getchar()。

1. 格式化输入函数 scanf()

scanf()函数称为格式化输入函数,其功能是按用户指定的格式把从键盘输入的数据传递给指定的变量。

1) scanf()函数的一般形式

scanf()函数是一个库函数,它的函数原型在头文件 stdio.h 中。scanf()函数的一般形式如下:

```
scanf("格式控制字符串",地址表);
```

其中,格式控制字符串的作用与 printf()函数相同,但不显示非格式字符串,也就是不能显示提示字符串。地址表中给出各变量的地址。地址由取地址运算符"&"后跟变量名组成的。例如,&x 表示变量 x 的地址。此地址就是编译系统在内存中给 x 变量分配的地址。应该把变量的值和变量的地址这两个不同的概念区别开。变量的地址是 C 编译系统分配的,用户不必关心具体的地址是多少。在赋值表达式中给变量赋值,例如,x=168

在赋值号左边是变量名,不能写地址,而 scanf()函数要求写变量的地址,如 &x。这两者在形式上是不同的。"&"是一个取地址运算符,&x 是一个表达式,其功能是求变量的地址。

例 3.5 scanf()函数使用示例。

```
/* 文件路径名:e3_5_1\main.c */
#include<stdio.h>                          /* 标准输入输出头文件 */

int main(void)                             /* 主函数 main() */
{
    int a,b;                               /* 定义变量 */

    printf("输入 a,b:");                    /* 输入提示 */
    scanf("%d%d",&a, &b);                  /* 输入 a 和 b */
    printf("a=%d,b=%d\n",a,b);             /* 输出 a 和 b */

    return 0;                              /* 返回值 0,返回操作系统 */
}
```

说明:在 Visual C++ 6.0 及 Dev-C++ 5.11 中,C 中关于格式化输入函数 scanf(),在 5.4.3 节中的字符串函数 strcpy()和 strcat(),以及 8.3.1 节中的文件打开函数 fopen()都能正常编译,但在版本比较新的 Visual C++(例如 Visual C++ 2022)中,在上述几个函数调用时会出现如下编译时的错误。

```
错误 C4996'scanf': This function or variable may be unsafe. Consider using scanf_s
instead. To disable deprecation, use _CRT_SECURE_NO_WARNINGS. See online help
for details.
```

程序演示见 30511.mp4～30513.mp4。

为什么会报错?这是因为微软公司认为函数 scanf()、strcpy()、strcat()和 fopen()不够安全,解决这类问题的最简捷方式是在文件开头添加编译预处理命令"♯pragma warning(disable:4996)"禁止对代号为 4996 的警告,此处 pragma 的含义是编译指示,"warning(disable:4996)"的含义是禁止对代号为 4996 的警告,关于编译预处理命令 ♯ pragma 的详细使用方法,请在网上查阅相关资料。

修改后的程序如下:

```
/* 文件路径名:e3_5_2\main.c */
#pragma warning(disable:4996)            /* 禁止对代号为 4996 的警告 */
#include<stdio.h>                        /* 标准输入输出头文件 */
```

```
int main(void)                      /* 主函数 main() */
{
    int a,b;                        /* 定义变量 */

    printf("输入 a、b:");           /* 输入提示 */
    scanf("%d%d",&a,&b);            /* 输入 a 和 b */
    printf("a=%d,b=%d\n",a,b);      /* 输出 a 和 b */

    return 0;                       /* 返回值 0, 返回操作系统 */
}
```

修改后的程序在 Visual C++ 6.0、Visual C++ 2022 及 Dev-C++ 5.11 中都能正常运行,程序演示见 30521.mp4～30523.mp4。

在本例中,由于 scanf()函数本身不能显示提示,所以先用 printf()语句在屏幕显示输入提示,请用户输入 a 和 b 的值。执行 scanf()语句,等待用户输入。用户输入 6、8 后按 Enter 键,然后执行 printf()函数。在 scanf()函数的格式控制字符串中由于没有非格式字符在 %d%d 之间作输入时的间隔,因此在输入时要用一个以上的空格、换行回车符或 Tab 符作为每两个输入数之间的间隔。

例如:

6 8

或

6
8

程序运行时屏幕输出如下:

输入 a、b:6 8
a=6,b=8

2) 格式字符串

格式字符串的一般形式如下:

%[*][输入数据宽度][长度]类型

其中,有"[ ]"的项为任选项。各项的意义如下。

① 类型。表示输入数据的类型,如表 3.3 所示。

表 3.3　scanf()函数格式字符串中的类型字符

类型字符	意　义	类型字符	意　义
d、i	d 和 i 都用于输入十进制整数	e、f	输入实型数(e 和 f 都适用于输入小数形式与输入指数形式)
o	输入八进制整数	c	输入单个字符
x	输入十六进制整数	s	输入字符串
u	输入无符号十进制整数		

② 星号(＊)。表示该输入项读入后不赋予相应的变量,即跳过该输入值。例如

```
scanf("%d %*d %d",&a,&b);
```

当输入为"6 8 9"时,把 6 赋予 a,8 被跳过,9 赋予 b。

③ 宽度。用十进制整数指定输入的宽度(即字符数)。例如:

```
scanf("%5d",&a);
```

当输入

```
1234567890
```

后,只把 12345 赋予变量 a,其余部分被截去。又如:

```
scanf("%4d%4d",&a,&b);
```

当输入

```
1234567890
```

后,将把 1234 赋予 a,而把 5678 赋予 b。

④ 长度。长度格式符为 l 和 h,l 用于表示输入长整型数据(如%ld)和双精度浮点数(如%lf)。h 表示输入短整型数据。

使用 scanf()函数应注意以下几点。

① scanf()函数中没有精度控制,例如:

```
scanf("%5.2f",&a);
```

是非法的。用户不能企图用此语句输入小数为 2 位的实数。

② scanf()函数中要求给出变量地址,如给出变量名则会出错。例如:

```
scanf("%d",i);
```

是非法的,应改为

```
scanf("%d",&i);
```

才是合法的。

③ 在输入字符数据时,若格式控制字符串中无非格式字符,则认为所有输入的字符均为有效字符。例如:

```
scanf("%c%c",&a,&b);
```

若输入

    d e

则把'd'赋予 a，' '赋予 b。只有当输入为

    de

时，才能把'd'赋予 a，把'e'赋予 b。

    如果在格式控制字符串中加入空格作为间隔，例如：

```
scanf("%c %c",&a,&b);
```

则所输入的两个字符之间可加空格。

    例 3.6   scanf()函数使用示例，程序演示见 3061.mp4～3063.mp4。

```
/* 文件路径名:e3_6\main.c */
#pragma warning(disable:4996)              /* 禁止对代号为 4996 的警告 */
#include<stdio.h>                           /* 标准输入输出头文件 */

int main(void)                              /* 主函数 main() */
{
    char a,b;                               /* 定义变量 */

    printf("输入字符 a,b:");                 /* 输入提示 */
    scanf("%c%c",&a, &b);                   /* 输入 a、b */
    printf("%c%c\n",a,b);                   /* 输出 a、b */

    return 0;                               /* 返回值 0, 返回操作系统 */
}
```

    本例中，scanf()函数的格式控制字符串"％c％c"中没有空格，输入 M N 时，a 的值为'M'，b 的值为' '。

    程序运行时屏幕输出如下：

输入字符 a,b:M N

M

    而输入改为 MN 时，a 的值为'M'，b 的值为'N'。

    程序运行时屏幕输出如下：

输入字符 a,b:MN

MN

    例 3.7   scanf()函数使用示例，程序演示见 3071.mp4～3073.mp4。

```
/*文件路径名:e3_7\main.c*/
#pragma warning(disable:4996)              /*禁止对代号为4996的警告*/
#include<stdio.h>                          /*标准输入输出头文件*/

int main(void)                             /*主函数main()*/
{
    char a,b;                              /*定义变量*/

    printf("输入字符a,b:");                /*输入提示*/
    scanf("%c %c",&a,&b);                  /*输入a、b*/
    printf("%c%c\n",a,b);                  /*输出a、b*/

    return 0;                              /*返回值0,返回操作系统*/
}
```

本例 scanf()函数的格式控制字符串"％c ％c"之间有空格,输入的数据之间可以有空格间隔。

程序运行时屏幕输出如下：

输入字符 a,b:M N
MN

④ 如果格式控制字符串中有非格式字符,则输入时也要输入该非格式字符。

例如 scanf("％d,％d ",&a,&b);其中用非格式字符"," 作间隔符,故输入时应为

5,6

又如：

```
scanf("a=%d,b=%d,c=%d",&a,&b,&c);
```

则输入应为

a=5,b=6,c=7

2. 字符输入函数 getchar()

getchar()函数的功能是从键盘上输入一个字符。函数原型在头文件 stdio.h 中,一般形式如下：

```
getchar()
```

注意：getchar()函数只能接收单个字符,输入数字也按字符处理。输入多于一个字

符时,只接收第一个字符。

例 3.8 getchar()函数使用示例,程序演示见 3081.mp4~3083.mp4。

。

```
/* 文件路径名:e3_8\main.c */
#include<stdio.h>                    /* 标准输入输出头文件 */

int main(void)                       /* 主函数 main() */
{
    char c;                          /* 定义变量 */

    c=getchar();                     /* 输入 c */
    printf("%c\n",c);                /* 输出 c */

    return 0;                        /* 返回值 0, 返回操作系统 */
}
```

程序运行时屏幕输出如下:

A
A

如果用户输入"AB",则将字符'A'赋值给 c,字符'B'将被丢失。

程序运行时屏幕输出如下:

AB
A

3.3　分支结构程序

3.3.1　关系运算符和表达式

1. 关系运算符

在程序中经常需比较两个量的大小关系,以便决定程序下一步的工作。比较两个量的运算符称为关系运算符。在 C 语言中有以下关系运算符:＜(小于)、＜＝(小于或等于)、＞(大于)、＞＝(大于或等于)、＝＝(等于)、!＝(不等于)。

关系运算符都是双目运算符,都具有左结合性。关系运算符的优先级低于算术运算符,高于赋值运算符。在 6 个关系运算符中,"＜""＜＝""＞""＞＝"的优先级都为 6,"＝＝"和"!＝"的优先级都为 7,"＜""＜＝""＞""＞＝"的优先级高于"＝＝""!＝"的优先级。

2. 关系表达式

关系表达式一般形式如下：

表达式 关系运算符 表达式

例如：

```
a-b>c*d,x>3*2,'a'+6<c,6+8*j==k-1;
```

都是合法的关系表达式。

关系表达式的值是"真"和"假"，"真"用"1"和"假"用"0"表示。例如，8>0 的值为"真"，即为 1。(a＝6)＞(b＝8)由于 6>8 不成立,其值为假,即为 0。

例 3.9 关系表达式使用示例,程序演示见 3091.mp4～3093.mp4。

```
/*文件路径名:e3_9\main.c*/
#include<stdio.h>                    /*标准输入输出头文件*/

int main(void)                       /*主函数 main()*/
{
    int i=1,j=6,k=8;                 /*定义整型变量*/
    double x=3e+5,y=0.86;            /*定义实型变量*/

    printf("%d\n",-i+2*j>=k+1);      /*输出关系表达式的值*/
    printf("%d\n",x-1.98<=x+y);      /*输出关系表达式的值*/
    printf("%d\n",k==j==i+6);        /*输出关系表达式的值*/

    return 0;                        /*返回值 0,返回操作系统*/
}
```

程序运行时屏幕输出如下：

```
1
1
0
```

本例中求出各关系运算符的值。对于含多个关系运算符的表达式,例如 k==j==i+6,根据运算符的左结合性,先计算 k==j,该式不成立,其值为 0,再计算 0==i+6,也不成立,故表达式值为 0。

3.3.2 逻辑运算符和表达式

1. 逻辑运算符

在 C 语言中,有 3 种逻辑运算符：&&(与)、‖(或)、!(非)。

运算符"&&"和"‖"都是双目运算符。具有左结合性。"!"为单目运算符,具有右结合性。逻辑运算符和其他运算符优先级的关系可表示如下。

(1)"!"的优先级为2,"&&"的优先级为11,"‖"的优先级为12,"!"的优先级高于"&&"的优先级,"&&"的优先级高于"‖"的优先级。

(2)逻辑运算符中的"&&"和"‖"的优先级低于关系运算符的优先级并且高于赋值运算符,"!"的优先级高于算术运算符的优先级,算术运算符的优先级高于关系运算符的优先级,如图3.5所示。

图3.5　逻辑运算符优先级

```
!(非)      (高)
算术运算符
关系运算符
&&(与)
‖(或)
赋值运算符  (低)
```

根据运算符的优先顺序可得:

```
x>y&&u>v          /*等价于  (x>y)&&(u>v)
!a==b‖c<d         /*等价于  ((!a)==b)‖(c<d)
a+b>c&&d+e<f      /*等价于  ((a+b)>c)&&((d+e)<f)
```

2. 逻辑运算的值

逻辑运算的值也为"真"和"假"两种,用"1"表示"真"和"0"表示"假"。求值规则如下。

(1)与(&&)。参与运算的两个量都为真时,结果才为真,否则为假。例如,6>0‖8>1,由于6>0为真,8>1也为真,所以"&&"运算的结果也为真。

(2)或(‖)。参与运算的两个量只要有一个为真,结果就为真。两个量都为假时,结果为假。例如,6>0‖8<1,由于6>0为真,所以"‖"运算的结果也为真。

(3)非(!)。参与运算量为真时,结果为假;参与运算量为假时,结果为真。例如,!(6>0)的结果为假。

说明:虽然C编译器在处理逻辑运算时,以"1"表示"真","0"表示"假"。但在判断一个量是为"真"还是为"假"时,以"0"代表"假",以非"0"的数值作为"真"。例如,由于6和8均为非"0",因此6&&8的值为"真",即为1。又如,6‖0的值为"真"。

3. 逻辑表达式

逻辑表达式的一般形式如下:

表达式　逻辑运算符　表达式

其中的表达式可以又是逻辑表达式,从而组成了嵌套的情形。例如:

(a&&b)&&c

根据逻辑运算符的左结合性,也可写为

a&&b&&c

逻辑表达式的值是式中各种逻辑运算的最后的值,以"1"表示"真"和"0"表示"假"。

例3.10　逻辑表达式使用示例,程序演示见3101.mp4~3103.mp4。

```
/*文件路径名:e3_10\main.c*/
#include<stdio.h>                    /*标准输入输出头文件*/
int main(void)                       /*主函数 main()*/
{
    char c='k';                      /*定义字符型变量*/
    int i=1,j=6,k=8;                 /*定义整型变量*/
    double x=3e+5,y=0.86;            /*定义实型变量*/

    printf("%d\n",!x*!y);            /*输出逻辑表达式的值*/
    printf("%d\n",i<j&&x<y);         /*输出逻辑表达式的值*/
    printf("%d\n",i==6&&c&&(j=8));   /*输出逻辑表达式的值*/

    return 0;                        /*返回值 0,返回操作系统*/
}
```

程序运行时屏幕输出如下:

```
0
0
0
```

本例中!x 和!y 都为 0,!x ﹡!y 也为 0,故其输出值为 0。对于 i<j && x<y 式,由于 i<j 的值为 1,而 x<y 为 0,故表达式的值为 1,0 相与,最后为 0,对于 i==6 && c && (j=8)表达式,由于 i==6 为假,即值为 0,由于此表达式由两个与运算组成,整个表达式的值为 0。

3.3.3 if 语句

用 if 语句构成分支结构。根据给定的条件进行判断,以决定执行某分支程序段。C 语言的 if 语句共有 3 种基本形式。

1. if 语句第 1 种形式

第 1 种形式为基本形式,格式如下:

if(表达式) 语句

语义:如果表达式的值为真,则执行其后的语句,否则不执行该语句。执行过程流程如图 3.6 所示。

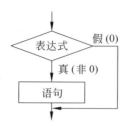

图 3.6　if 语句第 1 种形式执行过程流程

例 3.11　输入两个整数,输出其中的大值,程序演示见 3111.mp4～3113.mp4。

```
/* 文件路径名:e3_11\main.c */
#pragma warning(disable:4996)              /* 禁止对代号为 4996 的警告 */
#include<stdio.h>                          /* 标准输入输出头文件 */

int main(void)                             /* 主函数 main() */
{
    int a,b,max;                           /* 定义变量 */

    printf("输入两个数:");                 /* 输入提示 */
    scanf("%d%d", &a, &b);                 /* 输入 a、b */
    max=a;                                 /* 假设 a 最大 */
    if (max<b) max=b;                      /* 如果 b 更大,则最大值为 b */
    printf("最大值:%d\n",max);             /* 输出 a、b 的最大值 */

    return 0;                              /* 返回值 0,返回操作系统 */
}
```

程序运行时屏幕输出如下:

```
输入两个数:1 6
最大值:6
```

本例中,输入两个数 a、b。先将 a 赋予变量 max,再用 if 语句判别 max 和 b 的大小,如 max 小于 b,则把 b 赋予 max。这样 max 就是 a、b 的最大值,最后输出 max 的值。

2. if 语句第 2 种形式

第 2 种形式为 if…else 形式,格式如下:

```
if (表达式) 语句 1
else 语句 2
```

语义：如果表达式的值为真，则执行语句 1，否则执行语句 2。执行过程流程如图 3.7 所示。

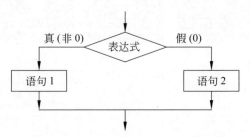

图 3.7　if 语句第 2 种形式执行过程流程

例 3.12　使用 if 语句第 2 种形式改写例 3.11，程序演示见 3121.mp4～3123.mp4。

```
/* 文件路径名:e3_12\main.c */
#pragma warning(disable:4996)              /* 禁止对代号为 4996 的警告 */
#include<stdio.h>                          /* 标准输入输出头文件 */

int main(void)                             /* 主函数 main() */
{
    int a,b;                               /* 定义变量 */
    printf("输入两个数:");                  /* 输入提示 */
    scanf("%d%d", &a, &b);                 /* 输入 a、b */
    if (a<b) printf("最大值:%d\n",b);       /* 如果 a<b,则最大值为 b */
    else printf("最大值:%d\n",a);           /* 否则,最大值为 a */

    return 0;                              /* 返回值 0, 返回操作系统 */
}
```

程序运行时屏幕输出如下：

```
输入两个数:1 6
最大值:6
```

本例中，要求输入两个整数，输出其中的最大值。改用 if…else 语句判别 a、b 的大小，如果 b 大，则输出 b，否则输出 a。

例 3.13　写程序，判断某一年是否为闰年。

根据历法，闰年的条件为，年份能被 4 整除但不能被 100 整除或年份能被 400 整除。

具体程序实现如下，程序演示见 3131.mp4～3133.mp4。

```
/* 文件路径名:e3_13\main.c*/
#pragma warning(disable:4996)                    /* 禁止对代号为 4996 的警告*/
#include<stdio.h>                                 /* 标准输入输出头文件*/

int main(void)                                    /* 主函数 main()*/
{
    int year;                                     /* 年份*/

    printf("输入年份:");                           /* 输入提示*/
    scanf("%d", &year);                           /* 输入 year*/
    if (year%4==0&&year%100!=0                    /* 如果年份能被 4 整除但不能被 100 整除*/
        ||year%400==0) printf("%d 是闰年\n", year);
                                                  /* 或年份能被 400 整除,则为闰年*/
    else printf("%d 不是闰年\n", year);            /* 否则为平年*/

    return 0;                                      /* 返回值 0,返回操作系统*/
}
```

程序运行时屏幕输出如下:

输入年份:2024
2024 不是闰年

本题使用 if else 语句直接写出闰年条件,程序简洁,可读性强。

3. if 语句第 3 种形式

第 3 种形式为 if…else…if 形式,前面第 2 种形式的 if 语句一般用于两个分支的情况。当有多个分支选择时,可采用 if…else…if 语句,其一般形式如下:

if (表达式 1) 语句 1;
else if (表达式 2) 语句 2
…
else if (表达式 m) 语句 m
else 语句 $m+1$

语义:依次判断表达式的值,当出现某个值为真时,则执行其对应的语句。然后跳到整个 if 语句之外继续执行程序。如果所有的表达式均为假,则执行语句 $m+1$。然后继续执行后续程序。if…else…if 语句的执行过程流程如图 3.8 所示。

说明:可以省略"else 语句 $m+1$",省略"else 语句 $m+1$"后,如果所有的表达式均为假,则直接执行 if 语句的后续程序。

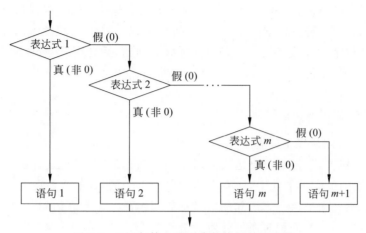

图 3.8　if 语句第 3 种形式的执行过程流程

例 3.14　if 语句第 3 种形式使用示例,程序演示见 3141.mp4～3143.mp4。

```
/*文件路径名:e3_14\main.c*/
#include<stdio.h>                        /*标准输入输出头文件*/

int main(void)                           /*主函数main()*/

{
    char c;                              /*定义字符型变量*/

    printf("输入一个字符: ");            /*输入提示信息*/
    c=getchar();                         /*输入字符*/
    if (c<32) printf("是一个控制字符\n");
    else if (c>='0'&&c<='9') printf("是一个数字\n");
    else if (c>='A'&&c<='Z') printf("是一个大写英文字母\n");
    else if (c>='a'&&c<='z') printf("是一个小写英文字母\n");
    else printf("是一个其他字符\n");

    return 0;                            /*返回值0,返回操作系统*/
}
```

程序运行时屏幕输出如下:

输入一个字符: &
是一个其他字符

本例根据输入字符的 ASCII 码来判别键盘输入字符的类别。根据 ASCII 码表可知，ASCII 值小于 32 的字符为控制字符。'0'~'9'为数字，'A'~'Z'为大写字母，'a'~'z'为小写字母，其余则为其他字符。显然是一个多分支选择的问题，适合用 if…else…if 语句编程，判断输入字符 ASCII 码所在的范围，分别给出不同的输出。例如输入为"&"，输出显示它为"是一个其他字符"。

4. 使用 if 语句注意事项

使用 if 语句应注意以下问题。

（1）在 if 语句中，条件判断表达式必须用"()"括起来，在语句之后必须加";"。

（2）在 if 语句的 3 种形式中，所有的语句应为单个语句，如果要在满足条件时执行一组（多个）语句，则必须把这一组语句用"{}"括起来组成一个复合语句。但要注意的是，在"}"之后不能再加";"，在编程时还要注意一般将"{"与"}"单独占一行，"{"与"}"之间的语句作适当的缩进，并增加一定的注释。例如：

```
if (a>b)
{                                    /*单独占一行*/
    a--;                             /*a自减1*/
    b++;                             /*b自加1*/
}                                    /*单独占一行,并与{对齐*/
else
{                                    /*单独占一行*/
    a++;                             /*a自加1*/
    b--;                             /*b自减1*/
}                                    /*单独占一行,并与{对齐*/
```

5. if 语句的嵌套

当 if 语句中的执行语句又为 if 语句时，则构成了 if 语句嵌套的情形。对于 if 语句嵌套的情形，应采用适当的缩进格式使 if 和 else 的配对清晰，C 语言规定，else 总是与它前面最近的未配对的 if 相配对。

在嵌套内的 if 语句可能是 if…else 型，将出现多个 if 和多个 else 重叠的情况，这时应注意 if 和 else 的配对问题。例如：

```
if (表达式 1)
if (表达式 2) 语句 1
else 语句 2
```

应理解为

```
if (表达式 1)
    if (表达式 2) 语句 1
    else 语句 2
```

例 3.15 采用 if 语句的嵌套实现比较两个数的大小关系，程序演示见 3151.mp4～3153.mp4。

```
/*文件路径名:e3_15\main.c*/
#pragma warning(disable:4996)                /*禁止对代号为4996的警告*/
#include<stdio.h>                             /*标准输入输出头文件*/

int main(void)                               /*主函数main()*/
{
    int a,b;                                 /*定义整型变量*/

    printf("输入a、b:");                      /*输入提示*/
    scanf("%d%d",&a,&b);                     /*输入a,b*/
    if (a!=b)                                /*a不等于b*/
        if (a>b) printf("%d>%d\n",a,b);      /*a大于b*/
        else printf("%d<%d\n",a,b);          /*a小于b*/
    else printf("%d=%d\n",a,b);              /*a等于b*/

    return 0;                                /*返回值0,返回操作系统*/
}
```

程序运行时屏幕输出如下:

```
输入a、b:2 3
2<3
```

本例中用了if语句的嵌套结构。采用嵌套结构实质上是为了进行多分支选择,本例实际上有3种选择,即a>b、a<b或a=b。用if…else…if语句也可以完成,见例3.16,并且可读性更强。

例3.16 采用if…else…if语句实现比较两个数的大小关系,程序演示见3161.mp4~3163.mp4。

```
/*文件路径名:e3_16\main.c*/
#pragma warning(disable:4996)                /*禁止对代号为4996的警告*/
#include<stdio.h>                             /*标准输入输出头文件*/

int main(void)                               /*主函数main()*/
{
```

```
    int a,b;                              /* 定义整型变量 */

    printf("输入 a、b:");                  /* 输入提示 */
    scanf("%d%d", &a, &b);                /* 输入 a, b */
    if (a<b) printf("%d<%d\n",a,b);       /* a 小于 b */
    else if (a>b) printf("%d>%d\n",a,b);  /* a 大于 b */
    else printf("%d=%d\n",a,b);           /* a 等于 b */

    return 0;                             /* 返回值 0, 返回操作系统 */
}
```

程序运行时屏幕输出如下：

输入 a、b:3 2
3>2

注意：在一般情况下尽量不使用 if 语句的嵌套结构，以提高程序的可读性。

3.3.4　条件运算符和条件表达式

如果在条件语句中只执行单个赋值语句，常使用条件表达式来实现，不但使程序更简洁，同时也提高了运行效率。条件运算符为"?"和":"，它是一个三目运算符，也就是有 3 个参与运算的量。由条件运算符组成条件表达式的一般形式如下：

表达式 1? 表达式 2: 表达式 3

求值规则：如果表达式 1 的值为真，则以表达式 2 的值作为条件表达式的值，否则以表达式 3 的值作为整个条件表达式的值。

对于如下条件语句：

```
if (a>b) min=b;          /* b 为最小值 */
else min=a;              /* a 为最小值 */
```

可用条件表达式写为 min＝(a>b)?b:a;该语句的语义是，如果 a>b 为真，则把 b 赋予 min；否则把 a 赋予 min。

使用条件表达式时，应注意以下几点。

（1）条件运算符的优先级为 13，条件运算符的优先级低于关系运算符和算术运算符的优先级，但高于赋值符的优先级。因此 min＝(a>b)?b:a 可以去掉"（ ）"而写为 min＝a>b?b:a。

（2）条件运算符"?"和":"是一对运算符，不能分开单独使用。

（3）条件运算符的结合方向是自右至左。

例如，a>b?a:c>d?c:d 应理解为 a>b?a:(c>d?c:d)。

例 3.17　采用条件表达式求两个数的最小值，程序演示见 3171.mp4～3173.mp4。

```
/*文件路径名:e3_17\main.c*/
#pragma warning(disable:4996)              /*禁止对代号为 4996 的警告*/
#include<stdio.h>                          /*标准输入输出头文件*/

int main(void)                             /*主函数 main()*/
{
    int a,b;                               /*定义整型变量*/

    printf("输入 a、b:");                   /*输入提示*/
    scanf("%d%d", &a, &b);                 /*输入 a、b*/
    printf("最小值=%d\n",a>b?b:a);          /*输出 a、b 的最小值*/

    return 0;                              /*返回值 0,返回操作系统*/
}
```

程序运行时屏幕输出如下:

输入 a、b:2 3
最小值=2

3.3.5　switch 语句

C 语言还提供了另一种用于多分支选择的 switch 语句,一般形式如下:

```
switch(表达式)
{
case 常量表达式 1:
    语句组 1
case 常量表达式 2:
    语句组 2
  ⋮
case 常量表达式 n:
    语句组 n
default:
    语句组 n+1
}
```

语义:计算表达式的值。逐个与其后的常量表达式值相比较,当表达式的值与某个常量表达式的值相等时,即执行其后的语句,然后不再进行判断,继续执行后面的所有语句组。如表达式的值与所有 case 后的常量表达式的值均不相同时,则执行 default 后的语句。

例 3.18 switch 语句使用示例,程序演示见 3181.mp4～3183.mp4。

```
/*文件路径名:e3_18\main.c*/
#pragma warning(disable:4996)          /*禁止对代号为 4996 的警告*/
#include<stdio.h>                       /*标准输入输出头文件*/

int main(void)                          /*主函数 main()*/
{
    int n;                              /*定义整型变量*/

    printf("输入 n: ");                 /*输入提示*/
    scanf("%d", &n);                    /*输入 n*/
    switch (n)
    {
    case 1:
        printf("星期一\n");
    case 2:
        printf("星期二\n");
    case 3:
        printf("星期三\n");
    case 4:
        printf("星期四\n");
    case 5:
        printf("星期五\n");
    case 6:
        printf("星期六\n");
    case 7:
        printf("星期日\n");
    default:
        printf("错误\n");
    }

    return 0;                           /*返回值 0, 返回操作系统*/
}
```

程序运行时屏幕输出如下:

输入 n: 5
星期五
星期六

星期日

错误

本例程序要求输入一个数字,输出是星期几。当输入 5 之后,却执行了"case 5:"以后的所有语句,输出了"星期五"及以后的所有单词。这是不希望发生的事情。为什么会出现这种情况呢? 在 switch 语句中,"case 常量表达式"只相当于一个语句标号,表达式的值和某标号相等则转向该标号执行,不能在执行完该标号的语句后自动跳出整个 switch 语句,所以出现了继续执行所有后面 case 语句的情况。这是与前面介绍的 if 语句完全不同的,应特别注意。为避免上述情况,C 语言还提供了 break 语句,可用于跳出 switch 语句,break 语句只有关键字 break,可以修改例题的程序,在每一个 case 语句之后增加 break 语句,使每一次执行之后均可跳出 switch 语句,从而避免输出不应有的结果。

例 3.19　使用 break 语句改进例 3.18,程序演示见 3191.mp4～3193.mp4。

```
/*文件路径名:e3_19\main.c*/
#pragma warning(disable:4996)          /*禁止对代号为 4996 的警告*/
#include<stdio.h>                      /*标准输入输出头文件*/

int main(void)                         /*主函数 main()*/
{
    int n;                             /*定义整型变量*/

    printf("输入 n: ");                 /*输入提示*/
    scanf("%d", &n);                   /*输入 n*/
    switch (n)
    {
    case 1:
        printf("星期一\n");
        break;
    case 2:
        printf("星期二\n");
        break;
    case 3:
        printf("星期三\n");
        break;
    case 4:
        printf("星期四\n");
        break;
    case 5:
        printf("星期五\n");
```

```
                break;
        case 6:
                printf("星期六\n");
                break;
        case 7:
                printf("星期日\n");
                break;
        default:
                printf("错误\n");
                break;
        }

        return 0;                              /*返回值0,返回操作系统*/
}
```

程序运行时屏幕输出如下:

输入 n: 5
星期五

说明:虽然本例中"default:"后的 break 语句可省略,但为统一起见,最好养成在每个语句组后都加上 break 语句的习惯。

在使用 switch 语句时还应注意以下几点。

(1) 在 case 后的各常量表达式的值不能相同,否则会出现编译错误。

(2) 各 case 和 default 子结构的先后顺序可以变动,而不会影响程序执行结果。

(3) default 子结构可以省略不用。

程序举例

例 3.20 输入 3 个整数,输出其中的最大值,程序演示见 3201.mp4~3203.mp4。

```
/*文件路径名:e3_20\main.c*/
#pragma warning(disable:4996)              /*禁止对代号为4996的警告*/
#include<stdio.h>                          /*标准输入输出头文件*/

int main(void)                             /*主函数main()*/
{
        int a,b,c,max;                     /*定义变量*/

        printf("输入a、b、c:");             /*输入提示*/
```

```
    scanf("%d,%d,%d",&a,&b,&c);           /* 输入 a、b、c */
    max=a;                                /* 假设 a 最大 */
    if (b>max) max=b;                     /* b 更大 */
    if (c>max) max=c;                     /* c 更大 */
    printf("最大值:%d\n",max);            /* 输出最大值 */

    return 0;                             /* 返回值 0, 返回操作系统 */
}
```

程序运行时屏幕输出如下：

输入 a、b、c:6,5,9
最大值:9

本例程序中,首先假设 a 为最大值 max,然后依次将 b、c 与 max 进行比较,哪个数大于 max,就将哪个数赋值给 max,最后 max 的值为最大值。

例 3.21 试设计一个简单的计算器程序。用户输入运算数和四则运算符,然后输出计算结果,程序演示见 3211.mp4~3213.mp4。

```
/* 文件路径名:e3_21\main.c */
#pragma warning(disable:4996)             /* 禁止对代号为 4996 的警告 */
#include<stdio.h>                         /* 标准输入输出头文件 */

int main(void)                            /* 主函数 main() */
{
    float a, b;                           /* 定义变量 */
    char c;                               /* 定义字符型变量 */

    printf("输入表达式: a+(-,*,/)b\n");   /* 输入提示 */
    scanf("%f%c%f", &a, &c, &b);          /* 输入表达式 */
    switch (c)
    {
    case '+':                             /* 加法运算 */
        printf("%f\n",a+b);
        break;
    case '-':                             /* 减法运算 */
        printf("%f\n",a-b);
        break;
    case '*':                             /* 乘法运算 */
```

```
        printf("%f\n",a * b);
        break;
    case '/':                                    /* 除法运算 */
        printf("%f\n",a/b);
        break;
    default:                                     /* 输入错误 */
        printf("输入有错\n");
        break;
    }

    return 0;
                                                 /* 返回值 0, 返回操作系统 */
}
```

程序运行时屏幕输出如下:

输入表达式: a+(-, *, /) b
2+3
5.000000

本例程序可用于简单的四则运算。switch 语句用于判断运算符,然后输出运算值。当输入运算符不是＋、－、＊、/时能给出错误提示。

3.4　循环结构程序

循环结构的特点是,在给定条件成立时,反复执行某程序段,直到条件不成立为止。给定的条件称为循环条件,反复执行的程序段称为循环体。C 语言提供了多种循环语句,可以组成各种不同形式的循环结构。

3.4.1　while 语句

while 语句的一般形式如下:

while (表达式) 语句

其中,表达式是循环条件,语句为循环体。

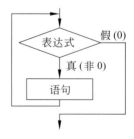

图 3.9　while 语句执行过程流程图

while 语句的执行过程:计算表达式的值,当值为真(非 0)时,执行循环体,直到表达式的值为假(0)时为止,while 语句的执行过程流程图如图 3.9 所示。

例 3.22　统计从键盘输入一行字符中包含的小写字母的个数,程序演示见 3221.mp4～3223.mp4。

```
/*文件路径名:e3_22\main.c*/
#include<stdio.h>                          /*标准输入输出头文件*/

int main(void)                             /*主函数main()*/
{
    int n=0;                               /*定义变量*/
    char c;                                /*定义字符型变量*/

    printf("输入一行字符:\n");              /*输入提示*/
    c=getchar();                           /*输入一个字符*/
    while (c!='\n')
    {   /*非换行符,循环*/
        if (c>='a'&&c<='z') n++;           /*对小写字母计数*/
        c=getchar();                       /*输入一个字符*/
    }
    printf("含%d个小写字母\n",n);           /*输出小写字母个数*/

    return 0;                              /*返回值0,返回操作系统*/
}
```

程序运行时屏幕输出如下:

输入一行字符:
This is a string.
含12个小写字母

本例程序中的getchar()用于从键盘上输入一个字符,循环条件c!='\n'的意义是,只要从键盘上输入的字符不是回车符就继续循环。循环体中if(c>='a'&& c<='z') n++用于对小写字母进行计数。

使用while语句应注意以下几点。

(1) 循环体如包括有一个以上的语句,则必须用"{"和"}"括起来,组成复合语句。

(2) 应注意循环条件的选择以避免死循环。

例3.23 死循环示例,程序演示见3231.mp4~3233.mp4。

```
/* 文件路径名:e3_23\main.c */
#include<stdio.h>                          /* 标准输入输出头文件 */

int main(void)                             /* 主函数 main() */
{
    int a,n=0;                             /* 定义变量 */
    while (a=6) printf("%d",n++);          /* 循环输出 n++ */

    return 0;                              /* 返回值 0, 返回操作系统 */
}
```

本例程序中,while 语句的循环条件为赋值表达式a＝6,因此该表达式的值为 6,永远为真,而循环体中又没有其他中止循环的手段,所以此循环将无休止地进行下去,形成死循环。

3.4.2 do…while 语句

do…while 语句的一般形式如下:

```
do
    语句
while (表达式);
```

其中,语句是循环体,表达式是循环条件。

do…while 语句执行过程:先执行一次循环体,再判别表达式的值,若为真(非 0)则继续循环,否则终止循环,do…while 语句的执行过程流程如图 3.10 所示。

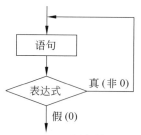

图 3.10 do…while 语句执行过程流程

do…while 语句和 while 语句的区别:do…while 语句至少要执行一次循环体。当 while 语句条件一开始就不满足时,则循环体一次也不执行。

例 3.24 使用 do…while 语句求 1＋2＋…＋100,程序演示见 3241.mp4～3243.mp4。

```
/* 文件路径名:e3_24\main.c */
#include<stdio.h>                    /* 标准输入输出头文件 */

int main(void)                       /* 主函数 main() */
{
    int i=1,s=0;                     /* 定义变量 */

    do
    {
        s=s+i;                       /* 累加求和 */
        i++;                         /* i 自加 1 */
    } while (i <=100);
    printf("1+2+…+100=%d\n",s);      /* 输出累加和 */

    return 0;                        /* 返回值 0,返回操作系统 */
}
```

程序运行时屏幕输出如下:

1+2+…+100=5050

在本例中,采用 do…while 语句累加求和,读者也可采用 while 语句进行改写,在一般情况下,while 语句和 do…while 语句都可以相互改写。

对于 do…while 语句应注意以下几点。

(1) 在 do…while 语句的表达式后面必须加";"。

(2) 在 do 和 while 之间的循环体由多个语句组成时,必须用"{"和"}"括起来组成一个复合语句。

3.4.3 for 语句

for 语句是 C 语言中广泛使用的一种循环语句。其一般形式如下:

for (表达式 1; 表达式 2; 表达 3)
    语句

其中参数含义如下。

表达式 1:通常用来给循环变量赋初值,一般是赋值表达式。也允许在 for 语句外给循环变量赋初值,此时可以省略该表达式。

表达式 2:通常是循环条件,一般为关系表达式或逻辑表达式。

表达式 3:通常可用来修改循环变量的值,一般是赋值语句。

语句:循环体。

for 语句的执行过程如下。

(1) 计算表达式 1 的值。

(2) 计算表达式 2 的值,若值为真(非 0)则执行循环体一次,否则跳出循环。

（3）计算表达式 3 的值,转回第(2)步重复执行。

在 for 循环过程中,表达式 1 只计算一次,表达式 2 和表达式 3 则可能计算多次。循环体可能多次执行,也可能一次都不执行。for 语句的执行过程流程如图 3.11 所示。

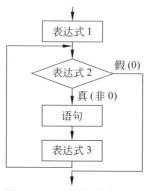

图 3.11　for 语句执行过程

例 3.25　使用 for 语句求 $1+2+\cdots+100$,程序演示见 3251.mp4～3253.mp4。

```
/* 文件路径名:e3_25\main.c */
#include<stdio.h>                    /* 标准输入输出头文件 */

int main(void)                       /* 主函数 main() */
{
    int i,s=0;                       /* 定义变量 */

    for (i=1; i<=100; i++)
        s=s+i;                       /* 累加求和 */
    printf("1+2+…+100=%d\n",s);      /* 输出累加和 */

    return 0;                        /* 返回值 0, 返回操作系统 */
}
```

程序运行时屏幕输出如下:

```
1+2+…+100=5050
```

本例 for 语句中的表达式 3 为 i++,实际上也是一种赋值语句,相当于 i=i+1,用于改变循环变量的值。

在使用 for 语句中要注意以下几点。

（1）for 语句中的各表达式都可省略,但分号间隔符不能少。例如,for(;表达式;表达式)省去了表达式 1。for(表达式;;表达式)省去了表达式 2。for(;;)省去了全部表达式。

（2）在循环变量已赋初值时，可省去表达式 1，如省去表达式 2 或表达式 3 则可能造成无限循环，这时应在循环体内设法结束循环。

（3）循环体可以是空语句。

例 3.26 统计从键盘上输入的一行字符中所包含字符的个数，程序演示见 3261.mp4～3263.mp4。

```
/*文件路径名:e3_27\main.c*/
#include<stdio.h>                      /*标准输入输出头文件*/

int main(void)                         /*主函数 main()*/
{
    int n=0;                           /*定义变量*/

    printf("输入一行字符:\n");          /*输入提示*/
    for(; getchar()!='\n'; n++);       /*省略表达式 1,无循环体的 for 语句*/
    printf("共含%d 个字符\n", n);      /*输出字符个数*/

    return 0;                          /*返回值 0,返回操作系统*/
}
```

程序运行时屏幕输出如下：

输入一行字符:
this is a string.
共含 17 个字符

本例中，省去了 for 语句的表达式 1，表达式 3 也不是用来修改循环变量，而是用作输入字符的计数。这样将应在循环体中完成的计数放在表达式中完成了。因此循环体是空语句。应注意的是，空语句后的"；"不可少，如缺少"；"，则把后面的 printf()语句当成循环体来执行。

（4）for 语句也可与 while、do…while 语句相互嵌套，构成多重循环。

3.4.4 转移语句

程序中的语句一般是按顺序方向，或按语句功能所定义的方向执行的。如果需要改变程序的正常流向，可以使用本节介绍的转移语句。在 C 语言中提供了 4 种转移语句：goto、break、continue 和 return。其中，return 语句用于函数的返回，将在第 4 章具体介绍。本节只介绍前 3 种转移语句。

1. goto 语句

goto 语句也称为无条件转移语句,在结构化程序设计中一般不主张使用 goto 语句,以免造成程序流程的混乱,使理解和调试程序都产生困难,因此本书不讨论 goto 语句的具体使用方法。

2. break 语句

break 语句只能用在 switch 语句或循环语句中,作用是跳出 switch 语句或跳出本层循环,转去执行后面的语句。break 语句的一般形式如下:

```
break;
```

例 3.27　使用 break 语句求 $1+2+\cdots+100$,程序演示见 3271.mp4～3273.mp4。

```
/* 文件路径名:e3_28\main.c*/
#include<stdio.h>                    /* 标准输入输出头文件 */

int main(void)                       /* 主函数 main() */
{
    int i=1,s=0;                     /* 定义变量 */

    while (1)
    {
        s=s+i;                       /* 累加求和 */
        i++;                         /* i 自加 1 */
        if (i>100) break;            /* i>100 时退出循环 */
    }
    printf("1+2+…+100=%d\n",s);      /* 输出累加和 */

    return 0;                        /* 返回值 0, 返回操作系统 */
}
```

程序运行时屏幕输出如下:

```
1+2+…+100=5050
```

在本例中,采用 break 实现 i>100 时退出循环,还有程序的 while 循环的条件为"1",永远为真,如不使用 break 语句退出循环,将会出现死循环。

例 3.28　判断一个正整数 m 是否为素数。

1 不是素数,对于一个大于 1 的正整数 m 为素数的条件为,除了 1 和 m 为 m 的正因数而外,没有其他正因数,也就是 $2\sim m-1$ 的任意一个整数都不能整除 m。程序演示见

32811.mp4～32813.mp4，具体程序实现如下：

具体程序实现如下：

```
/* 文件路径名:e3_28_1\main.c */
#pragma warning(disable:4996)                /* 禁止对代号为 4996 的警告 */
#include<stdio.h>                            /* 标准输入输出头文件 */

int main(void)                               /* 主函数 main() */
{
    unsigned m,i;                            /* 定义整数变量 */

    printf("输入正整数 m:");                 /* 输入提示 */
    scanf("%u,&m);                          /* 输入 m */
    for (i=2;i<m;i++)
        if (m%i==0) break;                  /* 如 m 能被 i 整除,则 m 不是素数,退出循环 */
    if (m<=1||i<m) printf("%u 不是素数\n",m);
    else printf("%u 是素数\n",m);

    return 0;                                /* 返回值 0,返回操作系统 */
}
```

程序运行时屏幕输出如下：

输入正整数 m:13
13 是素数

如果 m 存在 2～$m-1$ 的因数，则可设 $m=k*n$，不失一般性，设 $2\leqslant k\leqslant n\leqslant m-1$，则有 $m=k*n\geqslant k*k$，从而 $k\leqslant\sqrt{m}$，所以只要 m 无 2～$\sqrt{m}$ 的因数，则可以判定 m 为素数，程序演示见 32821.mp4～32823.mp4，具体程序实现如下：

具体程序实现如下：

```
/* 文件路径名:e3_28_2\main.c */
#pragma warning(disable:4996)                /* 禁止对代号为 4996 的警告 */
#include<stdio.h>                            /* 标准输入输出头文件 */
#include<math.h>                             /* 包含库函数求平方根 sqrt() 所需要的信息 */
```

```
int main(void)                          /* 主函数 main() */
{
    unsigned m,i,k;                     /* 定义整数变量 */

    printf("输入正整数 m:");            /* 输入提示 */
    scanf("%u", &m);                    /* 输入 m */
    k=sqrt(m);                          /* 求 m 的平方根 */
    for (i=2; i<=k; i++)
        if (m%i==0) break;              /* 如 m 能被 i 整除,则 m 不是素数,退出循环 */
    if (m<=1||i<=k) printf("%u 不是素数\n", m);
    else printf("%u 是素数\n", m);

    return 0;                           /* 返回值 0, 返回操作系统 */
}
```

程序运行时屏幕输出如下:

```
输入正整数 m:13
13 是素数
```

3. continue 语句

continue 语句只能用在循环体中,其一般格式如下:

```
continue;
```

语义:结束本次循环,即不再执行循环体中 continue 语句之后的语句,转入下一次循环条件的判断与执行。应注意的是,本语句只结束本层次的循环,并不跳出循环。

例 3.29　输出 $100\sim200$ 的整数中所有为 27 的倍数的数,程序演示见 3291.mp4～3293.mp4。

```
/* 文件路径名:e3_29\main.c */
#include<stdio.h>                       /* 标准输入输出头文件 */

int main(void)                          /* 主函数 main() */
{
    int n;                              /* 定义变量 */

    for (n=100; n<=200; n++)
    {   /* 从 100 到 200 进行循环 */
        if (n%27!=0) continue;          /* n 非 27 的倍数,跳过循环体后面的语句,继续循环 */

        printf("%d",n);                 /* 显示 n */
    }
```

```c
    printf("\n");                  /*换行*/

    return 0;                      /*返回值0，返回操作系统*/
}
```

程序运行时屏幕输出如下：

108 135 162 189

本例程序中，对 100～200 的每一个数进行测试，如该数不能被 27 整除，即模运算不为 0，则由 continue 语句转去下一次循环。只有模运算为 0 时，才能执行后面的 printf() 语句，输出能被 27 整除的数。

3.4.5 程序举例

例 3.30 输出由 1、2、3 这 3 个数字所能组成的所有无重复数字的三位数，程序演示见 3301.mp4～3303.mp4。

```c
/*文件路径名:e3_30\main.c*/
#include<stdio.h>                          /*标准输入输出头文件*/

int main(void)                             /*主函数main()*/
{
    int i,j,k;                             /*定义变量*/

    for (i=1;i<4;i++)
    {   /*百位数*/
        for (j=1;j<4;j++)
        {   /*十位数*/
            for (k=1;k<4;k++)
            {   /*个位数*/
                if (i!=k&&i!=j&&j!=k)       /*确保i、j、k 3位互不相同*/
                    printf("%d%d%d ",i,j,k); /*显示i、j、k的值*/
            }
        }
    }
    printf("\n");                          /*换行*/

    return 0;                              /*返回值0，返回操作系统*/
}
```

程序运行时屏幕输出如下：

123 132 213 231 312 321

本例程序中，用 i、j、k 分别表示百位数、十位数和个位数，用三重循环实现由 1、2、3 共 3 个数字所能组成的所有三位数，输出其中 i、j、k 3 位互不相同所组成的三位数。

*例 3.31   打印出所有的"水仙花数"，所谓"水仙花数"是指一个三位数，其各位数字的立方和等于该数本身。例如，153 是一个"水仙花数"，因为 $153 = 1^3 + 5^3 + 3^3$，程序演示见 3311.mp4～3313.mp4。

```
/* 文件路径名:e3_31\main.c*/
#include<stdio.h>                        /*标准输入输出头文件*/

int main(void)                           /*主函数 main()*/
{
    int i,j,k,n;                         /*定义变量*/

    printf("水仙花数:");                  /*输出提示*/
    for (n=100;n<1000;n++)
    {    /*从 100 到 999 循环*/
        i=n/100;                         /*分解出百位*/
        j=n/10%10;                       /*分解出十位*/
        k=n%10;                          /*分解出个位*/
        if (n==i*i*i+j*j*j+k*k*k)
            printf("%6d",n);             /*输出水仙花数*/
    }
    printf("\n");                        /*换行*/

    return 0;                            /*返回值 0,返回操作系统*/
}
```

程序运行时屏幕输出如下：

水仙花数:153   370   371   407

本例程序中，利用 for 循环控制 100～999，每个数分解出个位、十位、百位，对于一个三位数 n，显然 n/100 是百位数，n%10 是个位数，n/10 是由百位数与十位数组成的两位数，n/10%10 便为十位数。

*3.5   实例研究:利用计算机破案

某处发生一案件，根据侦查结果得到如下可靠线索。

（1）A 和 B 中至少一人参与作案。

（2）B 和 C 中至少一人参与作案。

（3）C 和 D 中至少一人参与作案。

（4）A 和 C 中至少一人未参与作案。

（5）B 和 D 中至少一人未参与作案。

下面编写程序进行破案。

用 1 和 0 表示 A、B、C、D 中某个人是否参与作案（0 表示没有参与作案，1 表示参与作案）。对 A、B、C、D 分别进行循环处理，并利用得到的线索判断筛选。

程序演示见 3cs1.mp4～3cs3.mp4，用 C 语言实现的程序代码如下：

```c
/* 文件路径名:solve_a_case\main.c */
#include<stdio.h>                        /* 标准输入/出头文件 */

void DisplayInfor(int a, int b, int c, int d)   /* 显示信息 */
{
    printf("A%s 作案,", a==1 ? "参与" : "未参与");
    printf("B%s 作案,", b==1 ? "参与" : "未参与");
    printf("C%s 作案,", c==1 ? "参与" : "未参与");
    printf("D%s 作案。\n", d==1 ? "参与" : "未参与");
}

int main(void)                            /* 主函数 main() */
{
    int a, b, c, d;                       /* 定义变量 */

    for (a=0; a<=1; a++)
    {    /* 对 A 进行循环处理 */
        for (b=0; b<=1; b++)
        {    /* 对 B 进行循环处理 */
            for (c=0; c<=1; c++)
            {    /* 对 C 进行循环处理 */
                for (d=0; d<=1; d++)
                {    /* 对 D 进行循环处理 */
                    if ((a==1||b==1) &&       /* A 和 B 至少一人参与作案 */
                        (b==1||c==1) &&       /* B 和 C 至少一人参与作案 */
                        (c==1||d==1) &&       /* C 和 D 至少一人参与作案 */
                        (a==0||c==0) &&       /* A 和 C 至少一人未参与作案 */
                        (b==0||d==0))         /* B 和 D 至少一人未参与作案 */
```

```
                ) DisplayInfor(a,b,c,d);          /* 显示相关信息 */
            }
        }
    }
}

    return 0;                                    /* 返回值 0, 返回操作系统 */
}
```

程序运行时屏幕输出结果如下：

A 未参与作案,B 参与作案,C 参与作案,D 未参与作案。

3.6 程 序 陷 阱

1. a＝＝b 和 a＝b 引起的混淆

表达式 a＝＝b 和 a＝b 看起来相似,但功能是根本不同的,表达式 a＝＝b 用于相等测试,而 a＝b 是一个赋值表达式。最常见的错误是用

```
if (n=1)
    …
```

代替

```
if (n==1)
    …
```

由于 n 的值是 1,赋值表达式 n＝1 总为真,有些编译器会给出警告,而有些编译器不会给出警告。如果没有警告,这种错误是很难发现的。如果写成

```
if (1=n)
    …
```

则编译器肯定要发出关于这个错误的信息,把一个值赋给一个常量是非法的。由于这个原因,一些程序员通常编写如下形式的代码：

```
常量==表达式
```

这能防范用＝代替＝＝的错误。这种风格的缺点是,它不遵从人们的思考方法。也就是说,如果 n 等于 1,那么……

2. 循环语句的条件表达式可能引起死循环

循环语句的条件表达式可能引起不希望的死循环。例如,对于如下代码：

```
scanf("%d", &n);                /* 输入 n */
while (--n)                     /* 当--n 不为 0 时循环 */
{
```

```
    ...
}
```

当用户输入一个负数时,循环就变成了无限循环。为防止这种可能性,可使用如下的
代码:

```
scanf("%d", &n);                /*输入 n*/
while (--n>0)                    /*当--n>0 时为真,也就是--n 大于 0 时进行循环*/
{
    ...
}
```

3. if、while 或 for 后使用了多余的分号

初学者常常会在 if、while 或 for 后多加了分号,引起意外的结果。例如,对于如下的
代码:

```
for (i=0; i<10; i++);
    s=s+i;
```

由于在第一行末尾的“;”会产生一个多余的空语句。此段代码与下述的代码是等价的:

```
for (i=0; i<10; i++)
    ;
s=s+i;
```

这显然不是程序员的用意,并且这种类型的错误很难被发现。

习　题　3

一、选择题

1. 以下叙述中错误的是_____。
    A. C 语言是一种结构化程序设计语言
    B. 结构化程序由顺序、分支、循环这 3 种基本结构组成
    C. 使用 3 种基本结构构成的程序只能解决简单问题
    D. 结构化程序设计提倡模块化的设计方法
2. 在下列选项中,不正确的赋值语句是_____。
    A. ++t;   B. n1=(n2=(n3=0));
    C. k=i=j;   D. a=b+c=1;
3. 有以下程序:

```
/*文件路径名:ex3_1_3\main.c*/
#include<stdio.h>              /*包含库函数 printf() 所需要的信息*/
int main(void)                 /*主函数 main()*/
```

```
{
    int a=0,b=0;                       /* 定义变量 */
    a=10;                              /* 给 a 赋值 */
    b=20;                              /* 给 b 赋值 */
    printf("a+b=%d\n",a+b);            /* 输出计算结果 */
    return 0;                          /* 返回值 0, 返回操作系统 */
}
```

程序运行后的输出结果是_____。

    A. a+b=10   B. a+b=30

    C. 30   D. 出错

4. 以下叙述中正确的是_____。

    A. 调用 printf() 函数时, 必须要有输出项

    B. 调用 putchar() 函数时, 必须在之前包含头文件 stdio.h

    C. 在 C 语言中, 整数可以按十二进制、八进制或十六进制的形式输出

    D. 调用 getchar() 函数读入字符时, 可以从键盘上输入字符所对应的 ASCII 码

5. 有以下程序:

```
/* 文件路径名:ex3_1_5\main.c */
#include<stdio.h>                      /* 包含库函数 printf() 所需要的信息 */
int main(void)                         /* 主函数 main() */
{
    char c1='1',c2='2';                /* 定义变量 */
    c1=getchar(); c2=getchar();        /* 输入 c1、c2 */
    putchar(c1); putchar(c2);          /* 输出 c1、c2 */
    return 0;                          /* 返回值 0, 返回操作系统 */
}
```

当运行时输入 a<回车>后, 以下叙述正确的是_____。

    A. 变量 c1 被赋予字符 a, c2 被赋予回车符

    B. 程序将等待用户输入 2 个字符

    C. 变量 c1 被赋予字符 a, c2 中仍是原有字符 2

    D. 变量 c1 被赋予字符 a, c2 中将无确定值

6. 设有定义:"int a=2,b=3,c=4;", 则以下选项中值为 0 的表达式是_____。

    A. (!a==1)&&(!b==0)   B. (a>b)&&!c‖1

    C. a&&b   D. a‖(b+b)&&(c−a)

7. 有以下程序:

```
/* 文件路径名:ex3_1_7\main.c */
#include<stdio.h>                      /* 包含库函数 printf() 所需要的信息 */
int main(void)                         /* 主函数 main() */
{
    int a,b,d=25;                      /* 定义变量 */
```

```
    a=d/10%9; b=a&&(-1);                /* 计算 a、b 的值 */
    printf("%d,%d\n",a,b);              /* 输出 a、b */
    return 0;                           /* 返回值 0,返回操作系统 */
}
```

程序运行后的输出结果是_____。

    A. 6,1   B. 2,1   C. 6,0   D. 2,0

8. 在嵌套使用 if 语句时,C 语言规定 else 总是_____。

    A. 和之前与其具有相同缩进位置的 if 配对

    B. 和之前与其最近的 if 配对

    C. 和之前与其最近的且不带 else 的 if 配对

    D. 和之前的第一个 if 配对

9. 有以下程序段:

```
int k=0,a=1,b=2,c=3;
k=a<b?b:a; k=k>c?c:k;
```

执行该程序后,k 的值是_____。

    A. 3   B. 2   C. 1   D. 0

10. 设有条件表达式"(EXP)? i＋＋:j－－",则以下表达式中与"(EXP)"完全等价的是_____。

      A.（EXP＝＝0）   B.（EXP!＝0）

      C.（EXP＝＝1）   D.（EXP!＝1）

11. 下列叙述正确的是_____。

    A. break 语句只能用于 switch 语句

    B. break 语句必须与 switch 语句中的 case 配对

    C. 在 switch 语句中必须使用 default

    D. 在 switch 语句中,不使用 break 语句在语法上也是正确的

12. 在以下给出的表达式中,与 while(E)中的"(E)"不等价的表达式是_____。

    A.（!E＝＝0）   B.（E＞0 ‖ E＜0）

    C.（E＝＝0）   D.（E!＝0）

13. 若有以下程序:

```
/* 文件路径名:ex3_1_13\main.c */
#include<stdio.h>                        /* 包含库函数 printf()所需的信息 */
int main(void)                           /* 主函数 main() */
{
    int y=10;                            /* 定义变量 */
    while (y--);                         /* while 循环 */
    printf("y=%d\n",y);                  /* 输出 y */
    return 0;                            /* 返回值 0,返回操作系统 */
}
```

程序运行后的输出结果是_____。

  A. y＝0   B. y＝－1

  C. y＝1   D. while 构成无限循环

14. 有以下程序：

```
/* 文件路径名:ex3_1_14\main.c */
#include<stdio.h>                    /* 包含库函数 printf()所需要的信息 */
int main(void)                       /* 主函数 main() */
{
    int k=5, n=0;                    /* 定义变量 */
    do
    {
        switch (k)
        {
        case 1:
        case 3: n+=1; k--; break;
        default: n=0; k--;
        case 2:
        case 4: n+=2; k--; break;
        }
        printf("%d",n);              /* 输出 n */
    } while (k>0&&n<5);
    printf("%\n");                   /* 换行 */
    return 0;                        /* 返回值 0, 返回操作系统 */
}
```

程序运行后的输出结果是_____。

  A. 235   B. 0235   C. 02356   D. 2356

15. 若变量已正确定义,有以下程序段：

```
/* 文件路径名:ex3_1_15\main.c */
#include<stdio.h>                    /* 包含库函数 printf()所需要的信息 */
int main(void)                       /* 主函数 main() */
{
    int i=0;                         /* 定义变量 */
    do {printf("%d,",i);} while (i++);
    printf("%d\n",i);                /* 输出 i */
    return 0;                        /* 返回值 0, 返回操作系统 */
}
```

其输出结果是_____。

  A. 0, 0   B. 0 1

  C. 1, 1   D. 程序进入无限循环

16. 有以下程序：

```
/ * 文件路径名:ex3_1_16\main.c * /
#include<stdio.h>                        / * 包含库函数 printf()所需要的信息 * /
int main(void)                           / * 主函数 main() * /
{
    int y=9;                             / * 定义变量 * /
    for (; y>0; y--)
        if (y%3==0)
            printf("%d",--y);            / * 输出 y * /
    printf("\n");                        / * 换行 * /
    return 0;                            / * 返回值 0,返回操作系统 * /
}
```

程序的运行结果是_____。

   A. 741   B. 963   C. 852   D. 875421

17. 有以下程序:

```
/ * 文件路径名:ex3_1_17\main.c * /
#include<stdio.h>                        / * 包含库函数 printf()所需要的信息 * /
int main(void)                           / * 主函数 main() * /
{
    int i,j,x=0;                         / * 定义变量 * /
    for (i=0; i<2; i++)
    {
        x++;                             / * x 自加 1 * /
        for (j=0; j<=3; j++)
        {
            if (j%2!=0)                   / * j 为奇数 * /
                continue;
            x++;                          / * x 自加 1 * /
        }
        x++;                              / * x 自加 1 * /
    }
    printf("x=%d\n",x);                   / * 输出 x * /
    return 0;                             / * 返回值 0,返回操作系统 * /
}
```

程序执行后的输出结果是_____。

   A. x=4   B. x=8   C. x=6   D. x=12

二、填空题

1. 若变量 a、b 已定义为 int 类型并赋值 21 和 55,要求用 printf()函数以"a=21,b=55"的形式输出,请写出完整的输出语句_____。

2. 以下程序运行后的输出结果是_____。

```
/* 文件路径名:ex3_2_2\main.c */
#include<stdio.h>                      /* 包含库函数 printf() 所需的信息 */
int main(void)                         /* 主函数 main() */
{
    int x=0210;                        /* 定义变量 */
    printf("%d\n",x);                  /* 输出 x */
    return 0;                          /* 返回值 0, 返回操作系统 */
}
```

3. 执行以下程序时输入 1234567<回车>,则输出结果是_____。

```
/* 文件路径名:ex3_2_3\main.c */
#pragma warning(disable:4996)          /* 禁止对代号为 4996 的警告 */
#include<stdio.h>                      /* 标准输入输出库头文件 */
int main(void)                         /* 主函数 main() */
{
    int a=1, b;                        /* 定义变量 */
    scanf("%2d%2d", &a, &b);           /* 输入 a、b */
    printf("%d %d\n",a,b);             /* 输出 a、b */
    return 0;                          /* 返回值 0, 返回操作系统 */
}
```

4. 已定义"char ch='$'; int i=1, j;",执行"j=!ch&&i++"以后,i 的值为_____。

5. 以下程序运行后的输出结果是_____。

```
/* 文件路径名:ex3_2_5\main.c */
#include<stdio.h>                      /* 包含库函数 printf() 所需的信息 */
int main(void)                         /* 主函数 main() */
{
    int a=10,b=20,c;                   /* 定义变量 */
    c=(a%b<1)||(a/b>1);                /* 计算 c 的值 */
    printf("%d,%d,%d\n",a,b,c);        /* 输出 a、b、c */
    return 0;                          /* 返回值 0, 返回操作系统 */
}
```

6. 以下程序运行后的输出结果是_____。

```
/* 文件路径名:ex3_2_6\main.c */
#include<stdio.h>                      /* 包含库函数 printf() 所需的信息 */
int main(void)                         /* 主函数 main() */
{
    int a=3, b=4, c=5, t=99;           /* 定义变量 */
    if (b<a&&a<c) t=a;                 /* 条件成立时将 a 赋值给 t */
    a=c; c=t;                          /* 赋值运算 */
    if (a<c&&b<c) t=b;                 /* 条件成立时将 b 赋值给 t */
    b=a; a=t;                          /* 赋值运算 */
```

```c
        printf("%d %d %d\n",a、b、c);          /* 输出 a、b、c */
        return 0;                             /* 返回值 0, 返回操作系统 */
}
```

7. 以下程序运行后的输出结果是_____。

```c
/* 文件路径名:ex3_2_7\main.c */
#include<stdio.h>                             /* 包含库函数 printf() 所需要的信息 */
int main(void)                                /* 主函数 main() */
{
        int x,a=1,b=2,c=3,d=4;                /* 定义变量 */
        x=(a<b)?a:b;                          /* 计算条件表达式的值 */
        x=(x<c)?x:c;                          /* 计算条件表达式的值 */
        x=(d>x)?x:d;                          /* 计算条件表达式的值 */
        printf("%d\n",x);                     /* 输出 x */
        return 0;                             /* 返回值 0, 返回操作系统 */
}
```

8. 当执行以下程序时,输入"1234567890＜回车＞",则其中 while 循环体将执行_____次。

```c
/* 文件路径名:ex3_2_8\main.c */
#include<stdio.h>                             /* 包含库函数 printf() 所需要的信息 */
int main(void)                                /* 主函数 main() */
{
        char ch;                              /* 定义变量 */
        while ((ch=getchar())=='0')
            printf("#");                      /* 输出 # */
        printf("\n");                         /* 换行 */
        return 0;                             /* 返回值 0, 返回操作系统 */
}
```

9. 以下程序运行后的输出结果是_____。

```c
/* 文件路径名:ex3_2_9\main.c */
#include<stdio.h>                             /* 包含库函数 printf() 所需要的信息 */
int main(void)                                /* 主函数 main() */
{
        char c1,c2;                           /* 定义变量 */
        for (c1='0',c2='9'; c1<c2; c1++,c2--)
            printf("%c%c",c1,c2);             /* 输出 c1、c2 */
        printf("\n");                         /* 换行 */
        return 0;                             /* 返回值 0, 返回操作系统 */
}
```

10. 若有以下程序段,且变量已正确定义和赋值:

```c
for (s=1.0, k=1; k <=n; k++)
```

```
    s=s+1.0/(k*(k+l));
printf("s=%f\n",s);
```

请填空,使下面程序段的功能与之完全相同:

```
s=1.0; k=1;
while ( 【1】 )
{
    s=s+1.0/(k * (k+l));
    【2】 ;
}
printf("s=%f\n",s);
```

11. 以下程序的功能是,输出 100 以内(不含 100)能被 3 整除且个位数为 6 的所有整数,试填空。

```
/ * 文件路径名:ex3_2_11\main.c * /
#include<stdio.h>                    / * 包含库函数 printf()所需要的信息 * /
int main(void)                       / * 主函数 main() * /
{
    int i,j;                         / * 定义变量 * /
    for (i=0; 【1】 ; i++)
    {
        j=i*10+6;                    / * j 个位数为 6 * /
        if ( 【2】 ) continue;
        printf("%d ",j);             / * 输出 j * /
    }
    printf("\n");                    / * 换行 * /
    return 0;                        / * 返回值 0,返回操作系统 * /
}
```

三、编程题

1. 编程判断输入的整数是否是 2 或 3 的倍数。
2. 编程判断输入的整数是否是 2 与 3 的公倍数。
3. 有一个函数:

$$y=\begin{cases}x, & x<1 \\ 5x+6, & 1\leqslant x<16 \\ 7x-9, & x\geqslant 16\end{cases}$$

试编程实现输入 x、输出 y 的值。

4. 求 $\sum\limits_{n=1}^{6} n!$ (也就是求 $1!+2!+3!+4!+5!+6!$)。

*5. 输入一行字符,分别统计出其中英文字母、空格、数字和其他字符的个数。

6. 给出一百分制成绩,要求输出成绩的等级为"优""良""中""及格""不及格"。90

分及 90 分以上的为"优",80～89 分为"良",70～79 分为"中",60～69 分为"中",60 分以下为"不及格"。

7. 编写一个 C 程序,使用循环语句输出如下图案:

```
  *
 ***
*****
 ***
  *
```

*8. 猴子吃桃问题:猴子第一天摘下若干桃子,当即吃了一半,还不过瘾,又多吃了一个,第二天早上又将剩下的桃子吃掉一半,又多吃了一个。以后每天早上都吃了前一天剩下的一半多一个。到第 10 天早上想再吃时,见只剩下一个桃子了。求第一天所摘桃子的个数。

*9. 两个乒乓球队进行比赛,各出 3 人。甲队为 a、b、c 3 人,乙队为 x、y、z 3 人。以抽签决定比赛名单。有人向队员打听比赛的名单。a 说他不和 x 比赛,c 说他不和 x、z 比赛,请编程序找出 3 队选手的名单。

10. 编程实现输入华氏温度(F),输出摄氏温度(C),公式如下:

$$C = \frac{5}{9}(F - 32)$$

要求有适当的文字说明,取 1 位小数。

11. 已知??代表一个两位数,809 * ??＋1 的结果为 4 位数,8 * ??的结果为两位数,9 * ??的结果为 3 位数。计算并输出??代表的两位数。

第4章 函 数

C 源程序由函数组成,C 语言称为函数式语言。函数是 C 源程序的基本模块,通过对函数模块的调用实现特定的功能。C 语言不仅提供了极为丰富的库函数,还允许用户建立自己定义的函数。用户可把自己的算法编成一个个相对独立的函数模块,然后用调用的方法来实现相应的功能。

函数可分为库函数和用户定义函数两种。

(1) 库函数。由 C 系统提供,用户无须定义,也不必在程序中作类型说明,只需在程序前包含有该函数原型的头文件即可在程序中直接调用。在前面各章的例题中反复用到 printf()、scanf()等函数就是库函数。

(2) 用户定义函数。由用户按需要编写的函数,不仅要在程序中定义函数本身,如果在调用前还没有定义,那么在调用前应对被调函数进行声明。

4.1 函数的定义与调用

在 C 语言中,在一个函数的函数体内,不能再定义另一个函数,也就是不能嵌套定义。但是函数之间允许相互调用,习惯上将调用者称为主调用函数,简称主调函数,被调用者称为被调用函数,简称被调函数。main()函数称为主函数,它可以调用其他函数。C 程序的执行总是从 main()函数开始,完成对其他函数的调用后再返回到 main()函数,最后由 main()函数结束整个程序。一个 C 源程序只能有一个主函数 main()。

4.1.1 函数定义的一般形式

1. 无参函数定义的一般形式

无参函数定义的一般形式如下:

```
类型名 函数名(void)
{
    函数体
}
```

其中,"类型名 函数名(void)"称为函数首部。类型名指明了本函数的类型,函数的类型实际上就是函数返回值的类型。函数名是由用户定义的标识符,函数名后有"()",其中 void 表示无参数。"{}"中的内容称为函数体。函数体一般包括数据定义与可执行语句序列,数据定义是对函数体内部所用到的变量的类型说明。在很多情况下都不要求无参函数有返回值,这时函数类型符可以写为 void。

例 4.1 无参函数示例,程序演示见 4011.mp4～4013.mp4。

```
/*文件路径名:e4_1\main.c*/
#include<stdio.h>                    /*标准输入输出头文件*/

void Hello(void)                     /*函数首部*/
{
    printf("Hello,world!\n");        /*输出"Hello, world!"*/
}

int main(void)                       /*主函数 main()*/
{
    Hello();                         /*调用函数 Hello()*/

    return 0;                        /*返回值 0,返回操作系统*/
}
```

程序运行时屏幕输出如下:

Hello, world!

本例中的 Hello()函数是一个无参函数,当被其他函数调用时,输出"Hello world!"字符串。

2. 有参函数的一般形式

有参函数的一般形式如下:

类型名 函数名(形式参数表)
{
    函数体
}

其中,第一行为函数首部。有参函数比无参函数多了形式参数表,形式参数表简称形参表,它是对函数参数的类型说明,具体形式如下:

类型名 1　形式参数 1,类型名 2　形式参数 2,…

形式参数简称形参,在进行函数调用时,主调用函数将赋予这些形式参数实际的值。

例 4.2 有参函数示例,程序演示见 4021.mp4～4023.mp4。

```
/* 文件路径名:e4_2\main.c */
#pragma warning(disable:4996)              /* 禁止对代号为 4996 的警告 */
#include<stdio.h>                          /* 标准输入输出头文件 */

int Max(int x,int y)                       /* 函数首部 */
{
    return x>y ?x:y;                       /* 返回 x、y 的最大值 */
}

int main(void)                             /* 主函数 main() */
{
    int a,b,m;                             /* 定义变量 */

    printf("输入 a、b:");                    /* 输入提示 */
    scanf("%d%d",&a,&b);                   /* 输入 a、b */
    m=Max(a,b);                            /* 调用函数求最大值 */
    printf("最大值:%d\n",m);                /* 输出最大值 */

    return 0;                              /* 返回值 0,返回操作系统 */
}
```

程序运行时屏幕输出如下:

输入 a、b:2 3
最大值:3

本例定义一个函数,用于求两个数中的最大值,函数首部"int Max(int x,int y)"说明 Max()函数是一个整型函数,其返回的函数值是一个整数。形参为 x、y。有返回值的函数中至少应有一个 return 语句,return 语句用于提供函数的返回值。在 C 程序中,一个函数的定义可以放在任意位置,既可放在主函数 main()之前,也可放在 main()之后。

4.1.2　函数调用的一般形式

在程序中是通过对函数的调用来执行函数体,在 C 语言中,函数调用的一般形式如下:

函数名(实际参数表)

实际参数表简称实参表,对无参函数调用时无实际参数表。实际参数表中的参数称为实际参数,简称实参,实际参数可以是常量,变量或表达。各实际参数之间用","分隔;函数调用时,把实际参数的值传递给对应的形式参数,对于例4.2,在运行时,如果输入2和3,则实参 a 的值为2,b 的值为3,实参传递给对应形参如图4.1所示。

在 C 语言中,可以用以下几种方式调用函数。

(1) 函数表达式。函数调用作为表达式中的一项出现在表达式中,以函数返回值参与表达式的运算。这种方式要求函数有返回值。例如,在例4.2中 m＝Max(a,b)是一个赋值表达式,把 Max()函数的返回值赋予变量 m,数据传递关系如图4.2所示。

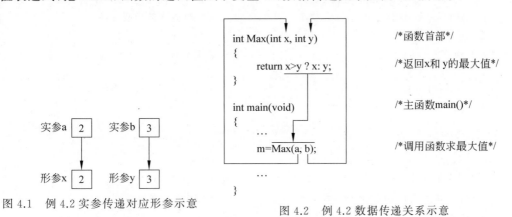

图 4.1　例 4.2 实参传递对应形参示意　　　　图 4.2　例 4.2 数据传递关系示意

(2) 函数语句。函数调用的一般形式加上“;”即构成函数语句。例如:

```
printf("输入 a,b:");
```

就以函数语句的方式调用函数。

4.1.3　函数的声明和函数原型

在一个函数(即主调用函数)中调用另一个函数(即被调用函数)需具备如下条件。

(1) 被调用函数必须是已经定义的函数(库函数或用户自己定义的函数)。

(2) 如果使用库函数,还应在本文件开头用♯include 命令将调用有关库函数时所需用到的信息“包含”到本文件中。例如,前面例题中已使用过的命令:

```
#include<stdio.h>                    /＊标准输入输出头文件＊/
```

上面命令中 stdio.h 是头文件。在 stdio.h 文件中包含了标准输入输出函数的相关信息。如果不包含 stdio.h 文件,就无法使用输入输出库中的函数。

(3) 如果使用用户自己定义的函数,而此函数的定义位置在调用它的函数(即主调用函数)的后面(在同一个文件中),则应在调用函数前对被调用函数作声明。声明的作用是把函数名、函数参数的个数与参数类型等信息告诉编译系统,以便在遇到函数调用时,编译系统能正确识别函数并检查函数调用是否合法。

例 4.3　对被调用函数的声明示例,程序演示见 4031.mp4～4033.mp4。

```
/* 文件路径名:e4_3\main.c */
#pragma warning(disable:4996)                   /* 禁止对代号为 4996 的警告 */
#include<stdio.h>                                /* 标准输入输出头文件 */

int main(void)                                   /* 主函数 main() */
{
    int Min(int x,int y);                        /* 对被调用函数的声明 */
    int a,b,m;                                   /* 定义变量 */

    printf("输入 a、b:");                         /* 输入提示 */
    scanf("%d%d",&a,&b);                         /* 输入 a、b */
    m=Min(a,b);                                  /* 调用函数求最小值 */
    printf("最小值:%d\n",m);                      /* 输出最小值 */

    return 0;                                     /* 返回值 0, 返回操作系统 */
}

int Min(int x,int y)                             /* 函数首部 */
{
    return x<y?x:y;                              /* 返回 x、y 的最小值 */
}
```

程序运行时屏幕输出如下:

输入 a、b:2 3
最小值:2

程序中

```
int Min(int x,int y);
```

是对被调用的 Min()函数的声明。本例程序中 main()函数的位置在定义 Min()函数的前面,编译时是从上到下逐行扫描,如果没有对函数的声明,当编译到语句

```
m=Min(a,b);
```

时,无法确定 Min 是不是函数名,也无法判断实参(a 和 b)的类型和个数是否正确,因而无法进行正确性的检查。这时将出现编译警告信息。在函数调用之前做了函数声明,编译系统能记下所需调用的函数的有关信息,根据 Min 找到相应的函数声明,根据函数的声明对函数调用的合法性进行全面的检查。本例程序中对被调用函数 Min()的声明的位置在主函数 main()内,也可在主函数 main()的前面进行声明。

例 4.4 在主函数 main()前对被调用函数的声明示例,程序演示见 4041.mp4~4043.mp4。

```
/*文件路径名:e4_4\main.c*/
#pragma warning(disable:4996)              /*禁止对代号为 4996 的警告*/
#include<stdio.h>                          /*标准输入输出头文件*/

int Max(int x, int y);                     /*对被调用函数的声明*/

int main(void)                             /*主函数 main()*/
{
    int a,b,m;                             /*定义变量*/

    printf("输入 a、b:");                   /*输入提示*/
    scanf("%d%d",&a,&b);                    /*输入 a、b*/
    m=Max(a,b);                            /*调用函数求最大值*/
    printf("最大值:%d\n",m);                /*输出最大值*/

    return 0;                              /*返回值 0,返回操作系统*/
}

int Max(int x,int y)                       /*函数首部*/
{
    return x<y?x:y;                        /*返回 x、y 的最大值*/
}
```

程序运行时屏幕输出如下:

```
输入 a、b:2 3
最大值:3
```

对函数的声明与函数定义中的函数首部基本上是相同的,只多加一个";"。因此可以简单地照写已定义的函数的首部,再加一个";",就成了对函数的"声明"。函数声明也称为函数原型。

编译系统并不检查参数名,只检查参数类型。因此参数名是什么都无所谓,所以函数声明或函数原型中的参数名可以不写,如上面程序中的声明也可以写成

```
int Max(int, int);        /*对被调用函数的声明,不写参数名,只写参数类型*/
```

4.2　函数的参数和函数的值

4.2.1　函数的参数

函数的参数分为形参和实参两种。形参出现在函数定义中，在整个函数体内都可以使用，离开函数则不能使用。实参出现在主调用函数中，进入被调用函数后，实参也不能使用。形参和实参的功能是作数据传送。发生函数调用时，主调用函数把实参的值传送给被调用函数的形参，从而实现主调用函数向被调用函数的数据传送。

函数的形参和实参具有以下特点。

（1）形参只有在被调用时才分配内存单元，在调用结束时，立即释放所分配的内存单元。

（2）实参可以是常量、变量、表达式等，无论实参是何种类型的量，在进行函数调用时，必须具有确定的值，以便将这些值传送给形参。

（3）实参和形参在数量、类型和顺序上应一致，否则可能会发生"类型不匹配"的错误。

（4）函数调用中发生的数据传送是单向的。即只能把实参的值传送给形参，而不能把形参的值反向地传送给实参。在函数调用过程中，形参的值可以发生改变，而实参中的值则不会变化。

例 4.5　定义了一个 Sum()函数，函数的功能是求 $1+2+3+\cdots+n$ 的值。本例为形参的值发生改变，而实参中的值不会变化示例，程序演示见 4051.mp4～4053.mp4。

```
/* 文件路径名:e4_5\main.c */
#pragma warning(disable:4996)          /* 禁止对代号为 4996 的警告 */
#include<stdio.h>                       /* 标准输入输出头文件 */

void Sum(int n);                        /* 声明函数 sum() */

int main(void)                          /* 主函数 main() */
{
    int n;                              /* 整型变量 */

    printf("输入 n:");                  /* 输入提示 */
    scanf("%d",&n);                     /* 输入 n */
    Sum(n);                             /* 求 1+2+3+…+n */
    printf("n:%d\n",n);                 /* 显示 n 的值 */

    return 0;                           /* 返回值 0, 返回操作系统 */
```

```
    }

void Sum(int n)
{
    int i;                                     /* 整型变量 */

    for (i=n-1; i>=1; i--)
        n=n+i;                                 /* 循环求和 */
    printf("n:%d\n",n);                        /* 显示和 */
}
```

程序运行时屏幕输出如下：

输入 n:10
n:55
n:10

本例中，在主函数中输入 n 值，并作为实参，在调用时传送给 Sum() 函数的形参量 n，如图 4.3(a)所示。在主函数中用 printf() 语句输出一次 n 值，这个 n 值是实参 n 的值。在函数 Sum() 中也用 printf() 语句输出了一次 n 值，这个 n 值是形参最后取得的 n 值。从运行情况看，输入 n 值为 10。即实参 n 的值为 10。把此值传给函数 Sum() 时，形参 n 的初值也为 10，在执行函数过程中，形参 n 的值变为 55，如图 4.3(b)所示。返回主函数之后，输出实参 n 的值仍为 10。由此可见，实参的值不随形参的变化而变化。

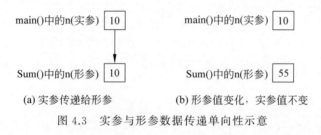

（a）实参传递给形参   （b）形参值变化，实参值不变
图 4.3   实参与形参数据传递单向性示意

注意：本例的形参变量和实参变量的标识符都为 n，但这是两个不同的量，各自的作用域不同。

4.2.2   函数的值

函数的值指函数被调用之后，执行函数体中的程序段所取得的并返回给主调用函数的值，例如调用例 4.4 的 Max() 函数取得的最大值。对函数的值（或称函数返回值）有以下一些说明。

（1）函数的值只能通过 return 语句返回主调用函数。return 语句的一般形式如下：

```
return 表达式；
```

此语句的功能是计算表达式的值，并返回给主调用函数。在函数中允许有多个

return 语句,但每次调用只能有一个 return 语句被执行,因此只能返回一个函数值。

（2）表达式值的类型和函数定义中函数的类型（简称函数类型）应保持一致。如果两者不一致,则以函数类型为准,自动进行类型转换。

（3）不返回函数值的函数,可以明确定义为"空类型",类型说明符为 void。如例 4.5 中 Sum()函数并不向主函数返函数值,返回类型为 void。

4.3　函数的嵌套调用

C 语言中不允许作嵌套的函数定义。因此各函数之间是平行的,不存在上一级函数和下一级函数的问题。但 C 语言允许在一个函数的定义中调用另一个函数。这样就出现了函数的嵌套调用,也就是在被调用函数中又调用其他函数。函数的嵌套调用关系如图 4.4 所示。

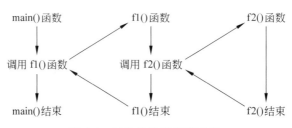

图 4.4　函数的嵌套调用示意

图 4.4 表示了两层嵌套的情形。其执行过程如下:执行 main()函数中调用 f1()函数的语句时,即转去执行 f1()函数,在 f1()函数中调用 f2()函数时,又转去执行 f2()函数,f2()函数执行完毕返回 f1()函数的断点继续执行,f1()函数执行完毕返回 main()函数的断点继续执行。

例 4.6　$s=(2!)^2+(3!)^2+(4!)^2$,计算 s 的值。

本题可编写两个函数,一个是用来计算阶乘平方值的函数 f1(),另一个是用来计算阶乘值的函数 f2()。主函数先调用 f1()计算出阶乘平方值,计算机再在 f1()函数中调用 f2()函数计算阶乘值,然后返回 f1(),再返回主函数,在循环语句中计算累加和,程序演示见 4061.mp4～4063.mp4。

```
/*文件路径名:e4_6\main.c*/
#include<stdio.h>                    /*标准输入输出头文件*/

long f1(long n)                      /*返回 n 的阶乘的平方*/
{
```

```
    int k,r;                        /*整型变量*/
    long f2(long);                  /*函数声明*/

    k=f2(n);                        /*调用函数 f2()求 n 的阶乘*/
    r=k*k;                          /*求 k 的平方*/

    return r;                       /*返回 r*/
}

long f2(long n)                     /*返回 n 的阶乘*/

{
    long t=1;                       /*累乘积*/
    int i;                          /*整型变量*/

    for (i=1; i<=n; i++)
        t=t*i;                      /*循环求积*/

    return t;                       /*返回 t*/
}

int main(void)                      /*主函数 main()*/
{
    int i;                          /*整型变量*/
    long s=0;                       /*累加和*/

    for (i=2; i<=4; i++)
        s=s+f1(i);                  /*循环求和*/
    printf("s=%ld\n",s);            /*输出和*/

    return 0;                       /*返回值 0,返回操作系统*/
}
```

程序运行时屏幕输出如下：

```
s=616
```

在程序中,函数 f1()和 f2()返回类型都为长整型,都在主函数之前定义,所以不必再在主函数中对 f1()和 f2()加以声明。在主函数 main()中,执行循环语句依次把 i 值作为实参调用函数 f1()求 i 的阶乘的平方值。在 f1()函数中又发生对 f2()函数的调用。

4.4 递 归 函 数

递归函数是指函数直接或间接对自己进行调用,在 C 语言中,数学上的迭代函数都可以用递归进行编程。

例 4.7 用递归求累加和 $1+2+3+\cdots+n$。

求累加和 $1+2+3+\cdots+n$ 可用迭代表示如下:

$$s(n)=\begin{cases}n+s(n-1), & n>0 \\ 0, & \text{其他}\end{cases}$$

程序演示见 4071.mp4～4073.mp4,用可递归编程如下:

```
/ * 文件路径名:e4_7\main.c * /
#pragma warning(disable:4996)          / * 禁止对代号为 4996 的警告 * /
#include<stdio.h>                      / * 标准输入输出头文件 * /

int Sum(int n)                         / * 用递归求和 1+2+…+n * /
{
    if (n>0) return n+Sum(n-1);        / * 递归调用 * /
    else return 0;                     / * 递归结束 * /
}

int main(void)                         / * 主函数 main() * /
{
    int n;                             / * 定义变量 * /

    printf("请输入一个非负整数 n:");    / * 输入提示 * /
    scanf("%d", &n);                   / * 输入 n * /
    printf("累加和为%d.\n", Sum(n));    / * 输出累加和 * /

    return 0;                          / * 返回值 0, 返回操作系统 * /
}
```

程序运行时屏幕输出如下:

请输入一个非负整数 n:5
累加和为 15.

下面对递归函数 Sum() 进行分析,可以先考虑基本情况,然后再由基本情况推算其他情况,如表 4.1 所示。

表 4.1 Sum()返回值

函 数 调 用	返 回 值
Sum(0)	0
Sum(1)	1+Sum(0),即 1+0
Sum(2)	2+Sum(1),即 2+1+0
Sum(3)	3+Sum(2),即 3+2+1+0
Sum(4)	4+Sum(3),即 4+3+2+1+0
Sum(5)	5+Sum(4),即 5+4+3+2+1+0

简单递归通常都有递归结束条件与递归调用条件,上例中"n==0"就是递归结束条件,"n>0"就是递归调用条件,一般将函数中形参的表达式作为参数进行递归调用,如上例中递归调用Sum(n-1),上例每次将 n 的值减 1,直到 n 等于 0 的基本情况为止。

一般递归具有如下的形式:

```
if (<递归结束条件>)
{    /*递归结束条件成立,结束递归调用*/
     递归结束处理方面的语句
}
else
{    /*递归结束条件不成立,继续进行递归调用*/
     递归调用方面的语句
}
```

或

```
if (<递归调用条件>)
{    /*递归调用条件成立,继续进行递归调用*/
     递归调用方面的语句
}
[else
{    /*递归调用条件不成立,结束递归调用*/
     递归结束处理方面的语句
}]
```

说明:上面"[]"中是可选的部分,也就是当递归调用条件不成立时,结束递归,没有递归结束处理方面的语句的情况,这时将省略"[]"中的部分。只要掌握上面的递归调用一般形式,大部递归程序都容易理解与掌握。

4.5 变量的作用域

形参也是变量,通常形参也称为形参变量,形参变量只在被调用期间才分配内存单元,调用结束立即释放,表明形参变量只有在函数内才是有效的,离开该函数就不能再使用了。变量有效性的范围称变量的作用域。不仅对于形参变量,C 语言中所有的变量都有自己的作用域。变量声明的方式不同,作用域也不同。C 语言中的变量,按作用域范围可分为两种,即局部变量和全局变量。

4.5.1 局部变量

局部变量也称为内部变量。局部变量是在函数内作定义说明,包括函数首部中的形参变量和在函数体中定义的变量。作用域仅限于函数内,离开该函数后再使用这种变量是非法的。

例如:

```
int f1(int a)        /*函数 f1()*/
{
    int b,c;         /*定义变量 b,c*/        a、b、c 作用域
    ...
}
int f2(int x)        /*函数 f2()*/
{
    int y,z;         /*定义变量 y,z*/        x、y、z 作用域
    ...
}
int main(void)       /*主函数 main()*/
{
    int m,n;         /*定义变量 m,n*/        m、n 作用域
    ...
}
```

在 f1()函数内有 3 个变量,a 为形参,b、c 为一般变量。在 f1()的范围内 a、b、c 有效,或者说 a、b、c 变量的作用域限于 f1()内。同理,x、y、z 的作用域限于 f2()内。m、n 的作用域限于 main()函数内。关于局部变量的作用域还要说明以下几点。

(1)主函数中定义的变量只能在主函数中使用,不能在其他函数中使用。同时,主函数中也不能使用其他函数中定义的变量。

(2)形参变量是属于被调用函数的局部变量,实参是变量时,实参也称为实参变量,实能变量是属于主调用函数起作用的变量。

(3)允许在不同的函数中使用相同的变量名,它们代表不同的对象,被分配不同的单元,互不干扰,也不会发生混淆。

(4)在复合语句中也可定义变量,其作用域只在复合语句范围内。例如:

```
int main(void)       /*主函数 main()*/
```

```
{
    int s,a;                /* 定义整型变量 s、a */
    ...
    {
        int b;              /* 定义整型变量 b */
        s=a+b;              /* 求和 */
        ...
    }
    ...
}
```

例 4.8 作用域示例,程序演示见 4081.mp4～4083.mp4。

```
/* 文件路径名:e4_8\main.c */
#include<stdio.h>                      /* 标准输入输出头文件 */
#include<stdlib.h>                     /* 包含库函数 system() 所需要的信息 */

int main(void)                         /* 主函数 main() */
{
    int i=2,j=3,k;                     /* 定义变量 i、j、k */

    k=i+j;                             /* 求和 */
    {   /* 复合语句 */
        int k=8;                       /* 定义变量 k */
        printf("%d\n",k);              /* 输出 k */
    }
    printf("%d,%d\n",i,k);             /* 输出 i、k */

    return 0;                          /* 返回值 0,返回操作系统 */
}
```

程序运行时屏幕输出如下:

```
8
2,5
```

本例程序在 main() 中定义了 i、j、k 3 个变量,其中 k 未赋初值。在复合语句内又定义了一个变量 k,并赋初值为 8。应该注意这两个 k 不是同一个变量。在复合语句外由 main() 函数定义的 k 起作用,而在复合语句内则由在复合语句内定义的 k 起作用。因此程序中的语句

```
printf("%d\n",k);
```

在复合语句内,由复合语句内定义的 k 起作用,其初值为 8,故输出值为 8。程序的语句

```
printf("%d,%d\n",i,k);
```

中的 k 为 main()函数所定义,其值应为 5。

4.5.2　全局变量

全局变量也称为外部变量,是在函数外部定义的变量。它不属于任何函数,而属于一个源程序文件。其作用域是整个源程序。在函数中使用全局变量,一般应做全局变量声明。声明全局变量的说明符为 extern。但在一个函数之前定义的全局变量,在该函数内使用可不再加以声明。例如:

```
int a,b;              / * 外部变量 a、b * /
void f1(void)         / * 函数 f1() * /
{
   …
}
float x,y;            / * 外部变量 x、y * /
in f2(void)           / * 函数 f2() * /
{
   …
}
int main(void)        / * 主函数 main() * /
{
   …
}
```

全局变量 x、y 作用域
全局变量 a、b 作用域

可以看出,a、b、x、y 都是在函数外部定义的外部变量,都是全局变量。但是 x、y 定义在 f1()函数之后,而在 f1()内又无对 x、y 的声明,所以它们在 f1()内无效。a、b 定义在源程序最前面,因此在 f1()、f2()及 main()内不加说明也可使用。

例 4.9　输入长方体的长(l)、宽(w)、高(h)。求体积(v)及 3 个面的面积(s1,s2,s3),程序演示见 4091.mp4~4093.mp4。

```
/ * 文件路径名:e4_9\main.c * /
#pragma warning(disable:4996)          / * 禁止对代号为 4996 的警告 * /
#include<stdio.h>                       / * 标准输入输出头文件 * /

int s1,s2,s3;                           / * 3 个面的面积 * /
```

```
int GetVolArea(int l,int w,int h)
{
    int v;                          /* 定义变量 v */

    v=l*w*h;                        /* 计算体积 */
    s1=l*w;                         /* 计算面积 */
    s2=l*h;                         /* 计算面积 */
    s3=w*h;                         /* 计算面积 */

    return v;                       /* 返回体积 */
}

int main(void)                      /* 主函数 main() */
{
    int v,l,w,h;                    /* 定义变量 v、l、w、h */

    printf("输入长、宽和高:");       /* 输入提示 */
    scanf("%d%d%d",&l,&w,&h);       /* 输入长、宽和高 */
    v=GetVolArea(l,w,h);            /* 计算体积和面积 */
    printf("v=%d s1=%d s2=%d s3=%d\n",v,s1,s2,s3);    /* 输出体积和面积 */

    return 0;                       /* 返回值 0,返回操作系统 */
}
```

程序运行时屏幕输出如下:

```
输入长、宽和高:2 3 4
v=24 s1=6 s2=8 s3=12
```

本例程序定义了 3 个外部变量 s1、s2、s3，用来存放 3 个面的面积，作用域为整个程序。GetVolArea()函数用来求正方体体积和 3 个面的面积，函数的返回值为体积。由主函数完成长宽高的输入及结果输出。

注意：由于 C 语言规定函数返回值只有一个，当需要增加函数的返回数据时，可用外部变量返回数据。

对于外变部量还有以下几点说明。

（1）外部变量的定义和外部变量的声明并不是一回事。外部变量必须定义在所有函数之外且只能定义一次。其一般形式如下：

变量类型 变量名 1,变量名 2,…;

例如：

```
int m,n;
```

在整个程序内,外部变量的声明可能出现多次,外部变量声明的一般形式如下:

extern 变量类型 变量名 1,变量名 2,…;

外部变量在定义时就已分配了内存单元,外部变量定义时可作初始赋值,外部变量的声明不能再赋初始值,只是表明在函数内要使用某外部变量。

(2) 外部变量可加强函数模块之间的数据联系,但又使函数要依赖这些变量,使得函数的独立性降低。从模块化程序设计的观点来看这是不利的,因此在不必要时尽量不要使用外部变量。

(3) 在同一源文件中,允许全局变量和局部变量同名。在局部变量的作用域内,全局变量不起作用。

例 4.10 已知长方体的长宽高 l、w、h,求体积,程序演示见 4101.mp4～4103.mp4。

```c
/* 文件路径名:e4_10\main.c */
#include<stdio.h>                      /* 标准输入输出头文件 */

int GetVol(int l,int w)
{
    extern int h;                      /* 声明全局变量 h */
    int v;                             /* 定义变量 v */

    v=l*w*h;                           /* 计算体积 */

    return v;                          /* 返回体积 */
}

int main(void)                         /* 主函数 main() */
{
    extern int w;                      /* 声明全局变量 w */
    int l=5;                           /* 定义变量 l */
    printf("v=%d\n",GetVol(l,w));      /* 输出体积 */

    return 0;                          /* 返回值 0,返回操作系统 */
}

int l=6,w=8,h=10;                      /* 定义全局变量 l、w、h */
```

程序运行时屏幕输出如下:

v=400

本例程序中,外部变量在最后定义,因此在前面函数中对要用的外部变量必须进行声明。外部变量 1、w 和 GetVol() 函数的形参 1、w 同名。外部变量都做了初始赋值，main() 函数中也对 1 进行了初始化赋值。执行程序时，在 printf() 函数实参中调用 GetVol() 函数，实参 1 的值应为 main() 中定义的 1 值 5，外部变量 1 在 main() 内不起作用；实参 w 的值为外部变量 w 的值为 8，进入 GetVol() 后这两个值传送给形参 1、w，GetVol() 函数中使用的 h 为外部变量，其值为 10，因此 v 的计算结果为 400，返回主函数后输出。

*4.6　变量的存储类型和生存期

存储类型是指变量占用内存空间的方式，也称为存储方式，变量的存储方式可分为静态存储和动态存储两种。

静态存储变量通常在变量定义时就分配存储单元并一直保持不变，直至整个程序结束。本书 4.5.2 节中介绍的全局变量就属于此类存储方式。动态存储变量是在程序执行过程中，使用它时才分配存储单元，使用完毕立即释放。典型的例子是函数的形式参数，在函数定义时并不给形参分配存储单元，只是在函数被调用时，才予以分配，调用函数完毕立即释放。如果一个函数被多次调用，则反复地分配、释放形参变量的存储单元。静态存储变量是一直存在的，而动态存储变量则时而存在时而消失。

生存期表示变量存在的时间。生存期和作用域是从时间和空间这两个不同的角度来描述变量的特性。

在 C 语言中，对变量的存储类型有以下 4 种：auto（自动变量）、register（寄存器变量）、extern（外部变量）和 static（静态变量）。

自动变量和寄存器变量属于动态存储方式，外部变量和静态变量属于静态存储方式。定义变量的一般形式如下：

存储类型　数据类型　变量 1，变量 2，…，变量 n；

例如：

```
static int a,b;                    /*定义 a、b 为静态类型变量*/
auto char c1,c2;                   /*定义 c1、c2 为自动字符变量*/
static int a[3]={1,2,3};           /*定义 a 为静态整型数组*/
```

下面分别介绍以上 4 种存储类型。

4.6.1　自动变量

自动变量的类型说明符为 auto。这种存储类型是 C 语言程序中使用最广泛的一种类型。C 语言规定，函数内凡未加存储类型定义的变量均视为自动变量，也就是说自动变量可省去说明符 auto。前面各章的程序在函数中所定义的变量都未加存储类型说明符，都是自动变量。例如：

```
int Fun(void)
```

```
{
    int i,j,k;                     /*定义变量 i、j、k*/
    char c;                        /*定义变量 c*/
    ...
}
```

等价于

```
int Fun(void)
{
    auto int i,j,k;                /*定义变量 i、j、k*/
    auto char c;                   /*定义变量 c*/
    ...
}
```

自动变量具有以下特点。

（1）自动变量的作用域仅限于定义该变量的个体内。在函数中定义的自动变量，只在该函数内有效。在复合语句中定义的自动变量只在该复合语句中有效。例如：

```
int Fun(int a)
{
    auto int x,y;                  /*定义自动变量 x、y*/
    {
        auto char c;               /*定义自动变量 c*/          c 的作用域   a、x、y 的作用域
        ...
    }
    ...
}
```

（2）自动变量属于动态存储方式，只有在使用时，也就是定义此变量的函数被调用时才给它分配存储单元，开始它的生存期。函数调用结束，释放存储单元，结束生存期。因此函数调用结束之后，自动变量的值不能被保留。在复合语句中定义的自动变量，在退出复合语句后也不能再使用。

例 4.11 复合语句中定义的自动变量示例，程序演示见 4111.mp4～4113.mp4。

```
/*文件路径名:e4_11\main.c*/
#pragma warning(disable:4996)              /*禁止对代号为 4996 的警告*/
#include<stdio.h>                          /*标准输入输出头文件*/

int main(void)                             /*主函数 main()*/
{
```

```
    auto int a;                                  /*定义自动变量 a*/

    printf("输入 a:");                           /*输入提示*/
    scanf("%d",&a);                              /*输入 a*/
    if (a>0)
    {
        auto int s,p;                            /*复合语句内定义自动变量 s、p*/

        s=a+a;                                   /*求和*/
        p=a*a;                                   /*求积*/
        printf("s=%d p=%d\n",s,p);               /*输出 s、p*/
    }
    /*printf("s=%d p=%d\n",s,p);                 /*错误,在复合语句外,s、p 无效*/

    return 0;                                    /*返回值 0,返回操作系统*/
}
```

程序运行时屏幕输出如下:

输入 a:8
s=16 p=64

    s、p 是在复合语句内定义的自动变量,只在该复合语句内有效。如果复合语句之后用 printf()函数输出 s、p 的值,将会引起错误。

    (3) 自动变量的作用域和生存期都局限于定义它的个体内(函数或复合语句内),不同的个体中允许使用同名的变量而不会混淆。

    例 4.12 函数内定义的自动变量与该函数内部的复合语句中定义的自动变量同名示例,程序演示见 4121.mp4～4123.mp4。

```
/*文件路径名:e4_12\main.c*/
#pragma warning(disable:4996)                    /*禁止对代号为 4996 的警告*/
#include<stdio.h>                                 /*标准输入输出头文件*/

int main(void)                                    /*主函数 main()*/
{
    auto int a,s=600,p=600;                       /*定义自动变量 a、s、p*/

    printf("输入 a:");                            /*输入提示*/
    scanf("%d",&a);                               /*输入 a*/
    if (a>0)
```

```
    {
        auto int s,p;                          /* 复合语句内定义自动变量 s、p */

        s=a+a;                                 /* 求和 */
        p=a*a;                                 /* 求积 */
        printf("s=%d p=%d\n",s,p);             /* 输出 s、p */
    }
    printf("s=%d p=%d\n",s,p);                 /* 输出 s、p */

    return 0;                                  /* 返回值 0, 返回操作系统 */
}
```

程序运行时屏幕输出如下:

输入 a:8
s=16 p=64
s=600 p=600

本程序在 main() 函数中及复合语句内两次定义了变量 s、p 为自动变量。在复合语句内,应由复合语句中定义的 s、p 起作用,故 s 的值应为 a+a,p 的值为 a * a。退出复合语句后的 s、p 应为 main() 所定义的 s、p,其值在初始化时给定,均为 600。从输出结果可知,两个 s 和两个 p 虽变量名相同,但却是两个不同的变量。

4.6.2 外部变量

外部变量的类型说明符为 extern。当一个源程序由若干源文件组成时,在一个源文件中定义的外部变量在其他的源文件中也有效。例如,有一个源程序由源文件 f1.c 和 f2.c 组成:

```
/* 文件名:f1.c */
int a,b;                                       /* 定义外部变量 */
char c;                                        /* 定义外部变量 */
int main(void)                                 /* 主函数 main() */
{
    ...
}


/* 文件名:f2.c */
extern int a,b;                                /* 声明外部变量 */
extern char c;                                 /* 声明外部变量 */
Func(int x,y)
{
    ...
}
```

在 f1.c 和 f2.c 两个文件中都要使用 a、b、c 这 3 个变量。在 f1.c 文件中把 a、b、c 定义为外部变量。在 f2.c 文件中用 extern 把 3 个变量声明为外部变量,表示这些变量已在其他文件中定义,编译系统不再为它们分配内存空间。

4.6.3　静态变量

静态变量的类型说明符是 static。静态变量属于静态存储方式,但是属于静态存储方式的变量不一定就是静态变量,例如外部变量虽属于静态存储方式,但不一定是静态变量,必须由 static 加以定义后才能成为静态外部变量(又称静态全局变量)。对于在函数内或复合语句中定义的变量,可以用 static 定义为静态变量(又称静态局部变量)。

1. 静态局部变量

在局部变量的定义前再加上 static 说明符就构成了静态局部变量。

例如:

```
static int a,b;                       /* 定义静态局部变量 */
```

静态局部变量属于静态存储方式,具有以下特点。

(1) 静态局部变量在函数或复合语句内定义,但不像自动变量那样,当调用时就存在,退出函数时就消失。静态局部变量始终存在着,也就是生存期为整个程序。

(2) 静态局部变量的生存期虽然为整个程序,但是其作用域仍与自动变量相同,即只能在定义该变量的函数或复合语句内使用此变量。退出函数后,尽管该变量还继续存在,但不能使用它。

(3) 对基本类型的静态局部变量若在定义时未赋予初值,则系统自动赋予 0 值。而对自动变量不赋初值,则其值是不定的。根据静态局部变量的特点,可以看出它是一种生存期为整个程序的变量。虽然离开定义它的函数后不能使用,但如再次调用定义它的函数时,它又可继续使用,而且保存了前次被调用后留下的值。因此,当多次调用一个函数且要求在调用之间保留某些变量的值时,可考虑采用静态局部变量。虽然用全局变量也可以达到上述目的,但全局变量有时会造成意外的副作用,因此仍以采用静态局部变量为宜。

例 4.13　静态局部变量示例,程序演示见 4131.mp4～4133.mp4。

```
/* 文件路径名:e4_13\main.c */
#include<stdio.h>                      /* 标准输入输出头文件 */

int main(void)                         /* 主函数 main() */
{
    int i;                             /* 定义自动变量 */
    void f();                          /* 声明函数 */
```

```
    for (i=1; i<=5; i++)
        f();                             /* 循环调用函数 f() */

        return 0;                        /* 返回值 0, 返回操作系统 */
}

void f()
{
    static int count=0;                  /* 定义静态局部变量 */

    ++count;                             /* 计数 */
    printf("%d\n",count);                /* 显示 count */
}
```

程序运行时屏幕输出如下：

```
1
2
3
4
5
```

由于 count 为静态局部变量,能在每次调用后保留其值并在下一次调用时继续使用,所以输出值成为累加的结果。

2. 静态全局变量

在全局变量(外部变量)定义的前面再冠以 static 就构成了静态全局变量。全局变量本身就是静态存储方式,静态全局变量显然也是静态存储方式。这两者在存储方式上并无不同。当一个源程序由多个源文件组成时,非静态的全局变量在各个源文件中都是有效的。而静态全局变量则限制了其作用域,即只在定义该变量的源文件内有效,在同一源程序的其他源文件中不能使用它。由于静态全局变量的作用域局限于一个源文件内,只能为该源文件内的函数公用,因此可以避免在其他源文件中引起错误。把局部变量改变为静态变量后是改变了它的存储方式即改变了它的生存期。把全局变量改变为静态变量后是改变了它的作用域,限制了它的使用范围。因此,static 这个说明符在不同的地方所起的作用是不同的,应加以注意。

4.6.4 寄存器变量

前面介绍的各类变量都存储在内存中,因此当对一个变量频繁读写时,必须要反复访问内存,从而花费大量的存取时间。为此,C 语言提供了另一种变量——寄存器变量。这种变量存放在 CPU 的寄存器中,使用时,不需要访问内存,而直接从寄存器中读写,这样可提高效率。寄存器变量的说明符是 register。对于循环次数较多的循环控制变量及循环体内反复使用的变量均可定义为寄存器变量。

例 4.14　求 $1+2+3+\cdots+100$，程序演示见 4141.mp4～4143.mp4。

```
/* 文件路径名:e4_14\main.c */
#include<stdio.h>                    /* 标准输入输出头文件 */

int main(void)                       /* 主函数 main() */
{
    register i,s=0;                  /* 定义寄存器变量 */

    for (i=1; i<=100; i++)
        s=s+i;                       /* 循环求累加和 */
    printf("s=%d\n",s);              /* 输出累加和 */

    return 0;                        /* 返回值 0, 返回操作系统 */
}
```

程序运行时屏幕输出如下：

```
s=5050
```

本程序循环 100 次，i 和 s 都将频繁使用，可定义为寄存器变量。

*4.7　内部函数和外部函数

虽然函数一旦定义后就可被其他函数调用，但是当一个源程序由多个源文件组成时，在一个源文件中定义的函数能否被其他源文件中的函数调用呢？为此，C 语言又把函数分为内部函数和外部函数两类，下面分别加以介绍。

4.7.1　内部函数

如果在一个源文件中定义的函数只能被本文件中的函数调用，而不能被同一源程序其他文件中的函数调用，这种函数称为内部函数。声明内部函数的一般形式如下：

static　返回值类型　函数名(形参表);

例如：

static int f(int a,int b);

定义内部函数的一般形式如下：

static 返回值类型 函数名(形参表)

```
{
    函数体
}
```

例如：

```
static int f(int a,int b)
{
    函数体
}
```

内部函数也称为静态函数。但此处静态 static 的含义已不是指存储方式,而是指对函数的调用范围只局限于本文件。因此,可在不同的源文件中定义同名的静态函数。

4.7.2　外部函数

外部函数在整个源程序中都有效,其声明的一般形式如下:

extern 返回值类型 函数名(形参表);

例如：

extern int f(int a,int b);

定义外部函数的一般形式如下:

extern 返回值类型 函数名(形参表)
```
{
    函数体
}
```

例如：

```
extern int f(int a,int b)
{
    函数体
}
```

如在函数定义中没有说明 extern 或 static 则隐含为 extern。在一个源文件的函数中调用其他源文件中定义的外部函数时,应用 extern 声明被调用函数为外部函数。例如:

```
/*文件名:f1.c*/
int main(void)                      /*主函数 main()*/
{
    extern int Fun(int i);  /*声明外部函数,表示 Fun()函数在其他源文件中进行定义*/
    ...
}

/*文件名:f2.c*/
```

```
extern int Fun(int i)                    /*定义外部函数定义*/
{
    ...
}
```

*4.8   实例研究：汉诺塔问题

汉诺塔问题是指有 3 个分别命名为 a、b 和 c 的塔座,在塔座 a 上插有 n 个直径大小各不要相同、按从小到大编号为 $1,2,\cdots,n$ 的圆盘(如图 4.5 所示),要求将 a 塔座上的 n 个圆盘移至 c 塔座上,并仍按同样的顺序叠排,圆盘移动时应遵守下列规则。

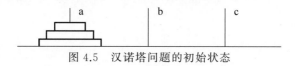

图 4.5   汉诺塔问题的初始状态

(1) 每次只能移动一个圆盘。

(2) 圆盘可插在 a、b 和 c 中任意一个塔座上。

(3) 任何时刻都不能将一个较大的圆盘压在较小的圆盘的上面。

对于 n 个圆盘的汉诺塔问题 Hanoi(n,a,b,c),当 $n=0$ 时,没圆盘可移动,什么也不做;当 $n=1$ 时,可直接将 1 号圆盘从 a 塔座移动到 c 塔座上;当 $n=2$ 时,可先将 1 号圆盘从 a 塔座移动到 b 塔座,再将 2 号圆盘移动到 c 塔座,最后将 1 号圆盘从 b 塔座移动到 c 塔座;对于一般 $n>0$ 的一般情况时可按如下 3 步进行求解。

(1) 将 1 至 $n-1$ 号圆盘从 a 塔座移动至 b 塔座,可递归求解 Hanoi($n-1$, a, c, b)。

(2) 将 n 号圆盘从 a 塔座移动至 c 塔座。

(3) 将 1 至 $n-1$ 号圆盘从 b 塔座移动至 c 塔座,可递归求解 Hanoi($n-1$, b, a, c)。

程序演示见 4cs1.mp4~4cs3.mp4,用 C 语言实现的程序代码如下:

```
/*文件路径名:hanoi\main.c*/
#include<stdio.h>                    /*文件包含预处理命令,printf()函数在其中声明*/

void Move(char from, int n, char to)
/*将编号为 n 的圆盘从 from 塔座移到 to 塔座*/
{
    printf("编号为%d的圆盘从%c塔座移到%c塔座\n", n, from, to);
}
```

```
void Hanoi(int n,char a,char b,char c)
/* 将 a 塔座上的直径由小到大且从上而下编号为 1~n 的 n 个圆盘按规则移到 c 塔座上,b 塔座
   可用作辅助塔座
*/
{
    if (n>0)
    {
        Hanoi(n-1,a,c,b);
                        /* 将 a 塔座上编号为 1~n-1 的圆盘移到 b 塔座,c 塔座作辅助塔座 */
        Move(a,n,c);            /* 将编号为 n 的圆盘从 a 塔座移到 c 塔座 */
        Hanoi(n-1,b,a,c);
                        /* 将 b 塔座上编号为 1~n-1 的圆盘移到 c 塔座,a 塔座作辅助塔座 */
    }
}

int main(void)                  /* 主函数 main() */
{
    Hanoi(3,'a','b','c');         /* 3 阶 Hanoi 塔问题 */
    return 0;                  /* 返回值 0,返回操作系统 */
}
```

程序运行参考结果如下:

编号为 1 的圆盘从 a 塔座移到 c 塔座
编号为 2 的圆盘从 a 塔座移到 b 塔座
编号为 1 的圆盘从 c 塔座移到 b 塔座
编号为 3 的圆盘从 a 塔座移到 c 塔座
编号为 1 的圆盘从 b 塔座移到 a 塔座
编号为 2 的圆盘从 b 塔座移到 c 塔座
编号为 1 的圆盘从 a 塔座移到 c 塔座

4.9 程 序 陷 阱

1. 函数不能改变实参变量的值

对函数最常见的编程错误是假设函数能改变实参变量的值。在 C 中函数机制是严格遵循按值调用的,在调用环境中不可能通过用变量作为参数调用函数来改变变量的值。如果 f()是函数,x 是变量,那么语句"f(x);"在调用环境中不能改变 x 的值。

2. main()函数的返回值

在 ANSI C 标准中,假设 main()向操作系统返回一个整数值。通常程序员编写

```
int main(void)                  /* 主函数 main() */
{
    ...
```

```
        return 0;                          /*返回值 0,返回操作系统*/
}
```

一些编译器接受 void 作为函数类型,也允许省略 return 语句。

```
void main(void)                            /*主函数 main() */
{
    …                                      /*无 return 语句*/
}
```

虽然有些编译器可能处理得很好,但在技术上这是错误的,其他的 ANSI C 编译器可能不接受这种风格。

3. 函数声明中的 void 类型参数

在 C++ 中,在函数原型和函数定义里的形式参数表中的 void 的使用是可选的。例如,在 C++ 中,int f()等价于 int f(void)。在传统 C 和 ANSI C 中,像"int f();"这样的函数声明意味着 f()的参数个数是未知的。在传统 C 中,void 不是关键字,void 不能在函数声明或函数定义的参数表中作为类型。在 ANSI C 中,像"int f(void);"这样的声明表示 f()函数没有参数。

4. 变量的声明和定义

对于函数而言,声明和定义的区别是明显的,在 4.1.3 节已说明,函数的声明是函数的原型,而函数的定义是函数的本身,也就是对函数功能的定义。

对于变量而言,声明与定义的关系稍微复杂一些。在声明部分出现的变量有两种情况:一种是需要建立存储空间的,例如:

```
int i;
```

另一种是不需要建立存储空间的,例如:

```
extern int a;
```

前者称为定义性声明,简称定义。后者称为引用性声明,简称声明。广义地说,声明包括定义,但并非所有的声明都是定义。

外部变量定义和外部变量声明的含义是不同的。外部变量的定义只能有一次,它的位置在所有函数之外,而同一文件中对于外部变量的声明可以有多次,它的位置可以在函数之内(哪个函数要用就在哪个函数中声明),也可以在函数之外。系统根据外部变量的定义(而不是根据外部变量的声明)分配存储单元。对外部变量,"声明"的作用是声明该变量是一个已在其他地方定义的外部变量,仅仅是为了扩展该变量的作用范围而作的"声明",extern 只用作声明,而不能用于定义。

5. 递归函数常见错误

使用递归函数最常犯的编程错误是导致死循环。下面用阶乘的递归定义来说明几种常见的错误,阶乘可采用如下的递推定义:

$$f(n) = \begin{cases} n * f(n-1), & n > 1 \\ 1, & \text{其他} \end{cases}$$

用阶乘的递推定义编写递归的阶乘函数是很容易的。

```
int f(int n)
{    if (n>1) return n*f(n-1);
     else return 1;
}
```

上面代码是正确的,在给定系统所允许整数精度的范围内能正常地工作。由于 $n!$ 增长得很快,只对有限的 n,函数调用 $f(n)$ 能产生的有效结果。这种类型的编程错误是常见的。如果函数体中的操作超过了系统允许的整数的取值范围,则尽管在逻辑上是正确的,也会返回错误的结果。

初学编程的人容易忽略基本情况而错误地编写阶乘函数,导致死循环。例如,下面的代码将产生死循环:

```
int f(int n)
{

    return n*f(n-1);

}
```

假设考虑了基本情况,但仅考虑 n 的值为 1 的情况,如果参数值为 0 或负数的参数调用函数,就会产生死循环,下面是这种情况的代码:

```
int f(int n)
{

    if (n==1) return 1;

    else return n*f(n-1);

}
```

习　题　4

一、选择题

1. 在 C 语言中,函数返回值的类型最终取决于_____。

　　A. 函数定义时的函数首部所说明的函数类型

　　B. return 语句中表达式值的类型

　　C. 调用函数时主调函数所传递的实参类型

　　D. 函数定义时形参的类型

2. 设函数 Fun() 的定义形式为

```
void Fun(char ch,float x){}
```

则以下对函数 Fun() 的调用语句中,正确的是_____。

　　A. Fun("abc",3.0);　　　　　　　　　　B. t=Fun('D',16.5);

C. Fun('65',2.8)；   D. Fun(32,32)；

3. 有以下程序：

```
/* 文件路径名:ex4_1_3\main.c */
#include<stdio.h>                                    /* 标准输入输出头文件 */
int f1(int x,int y) {return x>y ?x:y;}
int f2(int x,int y) {return x>y ?y:x;}
int main(void)                                       /* 主函数 main() */
{
    int a=4,b=3,c=5,d=2,e,f,g;                       /* 定义变量 */
    e=f2(f1(a,b),f1(c,d)); f=f1(f2(a,b),f2(c,d));    /* 调用函数 */
    g=a+b+c+d-e-f;                                   /* 算术运算 */
    printf("%d,%d,%d\n",e,f,g);                      /* 输出 e、f、g */
    return 0;                                        /* 返回值 0, 返回操作系统 */
}
```

程序运行后的输出结果是_____。

　　A. 4,3,7　　　　　B. 3,4,7　　　　　C. 5,2,7　　　　　D. 2,5,7

4. 若函数调用时的实参为变量,以下关于函数形参和实参的叙述中正确的是_____。

　　A. 函数的实参和其对应的形参共占同一存储单元

　　B. 形参只是形式上的存在,不会占用具体存储单元

　　C. 同名的实参和形参占同一存储单元

　　D. 函数的形参和实参分别占用不同的存储单元

5. 有以下程序：

```
/* 文件路径名:e4_1_5\main.c */
#include<stdio.h>                                    /* 标准输入输出头文件 */
int a=1;                                             /* 全局变量 */
int f(int c)                                         /* 定义函数 */
{
    static int a=2;                                  /* 静态变量 */
    c++;                                             /* c 自加 1 */
    return (a++)+c;                                  /* 返回函数值 */
}
int main(void)                                       /* 主函数 main() */
{
    int i, k=0;                                      /* 定义变量 */
    for (i=0; i<2; i++)
    {int a=3; k+=f(a);}                              /* 循环调用 f() 函数 */
    k+=a;                                            /* 将全局变量 a 的值加到 k */
    printf("%d\n",k);                                /* 输出 k */
    return 0;                                        /* 返回值 0, 返回操作系统 */
}
```

程序的运行结果是_____。

    A. 14   B. 15   C. 16   D. 17

6. 有以下程序：

```
/* 文件路径名:e4_1_6\main.c */
#include<stdio.h>                    /* 标准输入输出头文件 */
int a=4;                            /* 全局变量 */
int f(int n)                        /* 定义函数 */
{
    int t=0;                        /* 局部变量 */
    static int a=5;                 /* 静态变量 */
    if (n%2) {int a=6; t+=a++;}
    else {int a=7; t+=a++;}
    return t+a++;                    /* 返回函数值 */
}
int main(void)                      /* 主函数 main() */
{
    int s=a,i;                      /* 定义变量 */
    for (i=0; i<2; i++) s+=f(i);     /* 循环调用 f() 函数 */
    printf("%d\n",s);               /* 输出 s */
    return 0;                       /* 返回值 0, 返回操作系统 */
}
```

程序运行后的输出结果是_____。

    A. 24   B. 28   C. 32   D. 36

7. 有以下程序：

```
/* 文件路径名:e4_1_7\main.c */
#include<stdio.h>                    /* 标准输入输出头文件 */
Fun(int x,int y)
{
    static int m=0,i=2;             /* 静态变量 */
    i+=m+1; m=i+x+y;                /* 对静态变量作赋值运算 */
    return m;                       /* 返回函数值 */
}
int main(void)                      /* 主函数 main() */
{
    int j=1, m=1,k;                 /* 定义变量 */
    k=Fun(j, m);                    /* 调用 Fun() 函数 */
    printf("%d,",k);                /* 输出 k */
    k=Fun(j, m);                    /* 调用 Fun() 函数 */
    printf("%d\n",k);               /* 输出 k */
    return 0;                       /* 返回值 0, 返回操作系统 */
}
```

程序运行后的输出结果是_____。

    A. 5,5   B. 5,11   C. 11,11   D. 11,5

8. 在一个 C 源程序文件中所定义的全局变量,其作用域为_____。

    A. 所在文件的全部范围

    B. 所在程序的全部范围

    C. 所在函数的全部范围

    D. 由具体定义位置和 extern 说明来决定范围

9. 在 C 语言中,函数的隐含存储类别是_____。

    A. auto   B. static   C. extern   D. 无存储类别

10. 有以下程序:

```
/* 文件路径名:ex4_1_10\main.c */
#include<stdio.h>                      /* 标准输入输出头文件 */
int Fun(int x)
{
    if (x==0||x==1) return 3;          /* 递归结束 */
    else return x-Fun(x-2);           /* 递归调用 */
}
int main(void)                         /* 主函数 main() */
{
    printf("%d\n",Fun(7));            /* 输出 Fun(7) */
    return 0;                          /* 返回值 0, 返回操作系统 */
}
```

程序运行后的输出结果是_____。

    A. 7   B. 3   C. 2   D. 0

*11. 对于一个正常运行的 C 程序,以下叙述中正确的是_____。

    A. 程序的执行总是从 main() 函数开始,在 main() 函数结束

    B. 程序的执行总是从程序的第一个函数开始,在 main() 函数结束

    C. 程序的执行总是从 main() 函数开始,在程序的最后一个函数中结束

    D. 程序的执行总是从程序的第一个函数开始,在程序的最后一个函数中结束

二、填空题

1. 以下程序中,Fun() 函数的功能是计算 x^2-2x+6,主函数中将调用 Fun() 函数计算:

$$y_1=(x+8)^2-2(x+8)+6$$
$$y_2=\sin^2(x)-2\sin x+6$$

请填空。

```
/* 文件路径名:e4_2_1\main.c */
#pragma warning(disable:4996)                    /* 禁止对代号为 4996 的警告 */
```

```
#include<stdio.h>                              /* 标准输入输出头文件 */
#include<math.h>                               /* 数学函数首部文件 */
double Fun(double x) {return x*x-2*x+6;}
int main(void)                                 /* 主函数 main() */
{
    double x,y1,y2;                            /* 定义变量 */
    printf("输入 x:");                          /* 输入提示 */
    scanf("%lf", &x);                          /* 输入 x */
    y1=Fun(  【1】  );                          /* 调用函数 Fun() */
    y2=Fun(  【2】  );                          /* 调用函数 Fun() */
    printf("y1=%lf,y2=%lf\n",y1,y2);           /* 输出 y1、y2 */
    return 0;                                  /* 返回值 0, 返回操作系统 */
}
```

2. 有以下程序：

```
/* 文件路径名:e4_2_2\main.c */
#pragma warning(disable:4996)                  /* 禁止对代号为 4996 的警告 */
#include<stdio.h>                              /* 标准输入输出头文件 */
int sub(int n){return n/10+n%10;}
int main(void)                                 /* 主函数 main() */
{
    int x,y;                                   /* 定义变量 */
    scanf("%d",&x);                            /* 输入 x */
    y=sub(sub(sub(x)));                        /* 调用函数 */
    printf("%d\n",y);                          /* 输出 y */
    return 0;                                  /* 返回值 0, 返回操作系统 */
}
```

若运行时输入：1234<回车>,程序的输出结果是_____。

3. 以下程序运行后的输出结果是_____。

```
/* 文件路径名:e4_2_3\main.c */
#include<stdio.h>                              /* 标准输入输出头文件 */
void swap(int x,int y)
{
    int t=x; x=y; y=t;                         /* 交换 x 和 y */
    printf("%d %d",x,y);                       /* 输出 x 和 y */
}
int main(void)                                 /* 主函数 main() */
{
    int a=3,b=4;                               /* 定义变量 */
    swap(a,b);                                 /* 调用函数 */
    printf("%d %d\n",a,b);                     /* 输出 a、b */
    return 0;                                  /* 返回值 0, 返回操作系统 */
}
```

4. 以下程序运行后的输出结果是_____。

```c
/* 文件路径名:e4_2_4\main.c */
#include<stdio.h>                    /* 标准输入输出头文件 */
Fun(int a)
{
    int b=0;                         /* 局部变量 */
        static int c=3;              /* 静态变量 */
    b++; c++;                        /* b、c 自加 1 */
    return a+b+c;                    /* 返回函数值 */
}
int main(void)                       /* 主函数 main() */
{
    int i,a=5;                       /* 定义变量 */
    for (i=0; i<3; i++)
        printf("%d %d",i,Fun(a));    /* 输出 i 和 Fun(a) */
    printf("\n");                    /* 换行 */
    return 0;                        /* 返回值 0, 返回操作系统 */
}
```

5. 以下程序运行后的输出结果是_____。

```c
/* 文件路径名:ex4_2_5\main.c */
#include<stdio.h>                    /* 标准输入输出头文件 */
int f(int a[],int n)
{
    if (n>=1) return f(a,n-1)+a[n-1]; /* 递归调用 */
    else return 0;                    /* 递归结束 */
}
int main(void)                        /* 主函数 main() */
{
    int a[]={1,2,3,4,5},s;            /* 定义数组与变量 */
    s=f(a,5);                         /* 调用函数 f() */
    printf("%d\n",s);                 /* 输出 s */
    return 0;                         /* 返回值 0, 返回操作系统 */
}
```

三、编程题

1. 编写一个函数,其功能是输入 3 条边的长度,并判断是否能组成三角形,要求编写测试程序。

2. 编写一个函数,其功能是输入 n 个数,返回这些数的最大值,要求编写测试程序。

3. 编写一个函数,其功能是输入 n 个数,返回这些数的最小值,要求编写测试程序。

4. 编写一个判断素数的函数,在主函数中输入一个整数,输出是否为素数的信息。

5. 编写函数判断给定的年份是否为闰年,要求编写测试程序。

 * 6. 编写一个函数,其功能是给出年、月和日,计算出该日是该年的第几天,要求编写测试程序。

7. 编写一个计算斐波那契数列(Fibonacci Sequence)的递归函数,斐波那契数列的定义如下:

$$F(n)=\begin{cases}1, & n=0 \\ 1, & n=1 \\ F(n-1)+F(n-2), & n>0\end{cases}$$

要求编写测试程序。

 * 8. 编写递归函数,求输入 n 个整数的最大值,并写出测试程序。

 * 9. 有 5 个人坐在一起,问第 5 个人多少岁,他说比第 4 个人大 2 岁。问第 4 个人多少岁,他说比第 3 个人大 2 岁。问第 3 个人,又说比第 2 个人大两岁。问第 2 个人,说比第 1 个人大两岁。最后问第 1 个人,他说是 10 岁。输出这 5 个人的年龄,要求用递归函数求第 n 个人的年龄。

第 5 章　数组和指针

5.1　一维数组的定义和引用

为了处理方便,把具有相同类型的若干变量按有序的形式组织起来,这些按序排列的同类变量的集合称为数组。在 C 语言中,数组属于构造数据类型。一个数组可以分解为多个数组元素(简称为元素),这些数组元素可以是基本数据类型或构造类型。因此按数组元素的类型不同,数组又可分为数值数组、字符数组、指针数组等各种类别。

对于序列 $a_0, a_1, a_2, \cdots, a_{n-1}$,在 C 语言中就用数组来表示,$a$ 为数组名,下标代表数组中元素的序号,数组元素也称为下标变量,a_i 用 $a[i]$ 表示,i 就为下标,一维数组是最简单的数组,它的元素只有一个下标,如 $a[8]$,此外还有二维数组(元素有二个下标,如 $a[2][3]$),三维数组(元素有 3 个下标,如 $a[2][3][6]$)和多维数组(元素有多个下标),它们的概念和使用方法相似,本节先介绍一维数组。

5.1.1　定义一维数组

定义一维数组的格式如下:

数组元素类型 数组名[常量表达式],…;

其中,数组元素类型可以是任意一种基本数据类型或构造数据类型,数组名是用户定义的数组标识符。"["和"]"之间常量表达式表示数组元素的个数,也称为数组的长度。

例如:

```
int a[18];              /*定义整型数组 a,有 18 个元素*/
float b[16],c[28];      /*定义实型数组 b,有 16 个元素,实型数组 c,有 28 个元素*/
char ch[29];            /*定义字符数组 ch,有 29 个元素*/
```

对于数组的定义应注意以下几点。

(1) 对于同一个数组,其所有元素的类型都相同。

(2) 数组名不能与其他变量名相同,例如:

```
int main(void)          /*主函数 main()*/
{
    int a;              /*定义变量 a*/
    float a[10];        /*定义数组*/
    …
```

```
    }
```

是错误的。

（3）"["和"]"之间的常量表达式表示数组元素的个数，如 a[18]表示数组 a 有 18 个元素。但是其下标从 0 开始计算。因此 18 个元素分别为 a[0],a[1],a[2],…,a[17]。

（4）不能在"["和"]"之间用变量来表示元素的个数，但是可以是常量或常量表达式。例如：

```
#define FD 5                      /*定义常量 FD*/
int main(void)                    /*主函数 main()*/
{
    int a[3+2],b[7+FD];           /*定义数组 a、b*/
    …
}
```

是合法的。但是下面的使用方式是错误的：

```
int main(void)                    /*主函数 main()*/
{
    int n=5;                      /*定义整型变量 n*/
    int a[n];                     /*定义数组,错,元素个数 n 不是常量表达式*/
    …
}
```

（5）在同一个类型的定义中，可以同时定义多个变量和多个数组。例如：

```
int a,b,c,d,k1[10],k2[20];        /*定义多个变量与多个数组*/
```

5.1.2　引用一维数组的元素

数组元素是组成数组的基本单元。实际上，数组元素也是一种变量，其标识方法为数组名后跟一个下标。下标表示了元素在数组中的顺序号。引用一维数组元素的一般格式如下：

数组名[下标]

其中，下标只能为整型常量、整型变量或整型表达式。例如，a[6]、a[i+j]、a[k]都是合法的数组元素。数组元素通常也称为下标变量。在 C 语言中只能逐个地使用下标变量，而不能一次引用整个数组。例如，输出有 10 个元素的数组必须使用循环语句逐个输出各下标变量：

```
for (i=0;i<10;i++)
    printf("%d",a[i]);            /*循环输出各数组元素*/
```

而不能用一个语句输出整个数组，下面的写法是错误的：

```
printf("%d",a);                   /*错,不能用一个语句输出整个数组*/
```

例 5.1 一维数组示例,程序演示见 5011.mp4～5013.mp4。

```
/*文件路径名:e5_1\main.c*/
#include<stdio.h>                    /*标准输入输出头文件*/

int main(void)                       /*主函数 main() */
{
    int i,a[10];                     /*定义变量 i 与数组 a*/

    for (i=0;i<10;i++)
        a[i]=2*i+1;                  /*循环为数组元素赋值*/
    for (i=9;i>=0;i--)
        printf("%d",a[i]);           /*循环逆序输出数组元素*/
    printf("\n");                    /*换行*/

    return 0;                        /*返回值 0,返回操作系统*/
}
```

程序运行时屏幕输出如下:

```
19 17 15 13 11 9 7 5 3 1
```

本例中用一个循环语句给 a 数组各元素存入奇数值,然后用第二个循环语句按逆序从大到小输出各个奇数。

给数组赋值的方法除了用赋值语句对数组元素逐个赋值外,还可采用初始化赋值和动态赋值的方法。数组初始化赋值是指在数组定义时给数组元素赋予初值。数组初始化是在编译阶段进行的。这样将减少运行时间,提高效率。一维数组初始化赋值的一般格式如下:

数组元素类型 数组名[常量表达式]={值 1,值 2,…,};

在"{"和"}"中的各数据值即为各元素的初值,各值之间用","间隔。例如:

```
int a[10]={0,1,2,3,4,5,6,7,8,9};          /*相当于 a[0]=0;a[1]=1;…;a[9]=9*/
```

C 语言对一维数组的初始赋值还有以下几点规定。

(1) 可以只给部分元素赋初值。当"{"和"}"中值的个数少于元素个数时,只给前面部分元素赋值,后面的元素自动赋值为 0,例如:

```
int a[10]={0,1,2};       /*表示给 a[0]~a[2]共 3 个元素赋值,而后 7 个元素自动赋 0 值*/
```

(2) 只能给元素逐个赋值,不能给数组整体赋值。例如,给 10 个元素全部赋 1 值,只

能写为

```
int a[10]={1,1,1,1,1,1,1,1,1,1};          /* 10 元素初始化为 1 */
```

而不能写为

```
int a[10]=1;
```

（3）如给全部元素赋值，则在数组定义中，可以不给出数组元素的个数。例如：

```
int a[5]={1,2,3,4,5};          /* 初始化 5 个数组元素值 */
```

可写为

```
int a[]={1,2,3,4,5};          /* 初始化 5 个数组元素值,省略元素个数 */
```

可以在程序执行过程中，对数组作动态赋值。这时可用循环语句配合 scanf( )函数逐个对数组元素赋值。

例 5.2 编程求数组元素最大值，程序演示见 5021.mp4～5023.mp4。

```
/* 文件路径名:e5_2\main.c */
#pragma warning(disable:4996)              /* 禁止对代号为 4996 的警告 */
#include<stdio.h>                          /* 标准输入输出头文件 */

int main(void)                             /* 主函数 main() */
{
    int i,max,a[10];                       /* 定义变量与数组 */

    printf("输入 10 个数:");               /* 输入提示 */
    for (i=0;i<10;i++)
        scanf("%d",&a[i]);                 /* 循环输入数组元素 */
    max=a[0];                              /* 设 a[0]最大 */
    for (i=1;i<10;i++)
        if (a[i]>max)                      /* 如果 a[i]更大 */
            max=a[i];                      /* 将 a[i]赋值给 max */
    printf("最大值:%d\n",max);             /* 输出最大值 */

    return 0;                              /* 返回值 0,返回操作系统 */
}
```

程序运行时屏幕输出如下：

输入 10 个数: 1 7 4 9 12 8 18 56 98 0

· 124 ·

最大值:98

本例程序中第一个 for 语句逐个输入 10 个数到数组 a 中。然后把 a[0]送入 max 中。在第二个 for 语句中,a[1]~a[9]逐个与 max 中的值进行比较,若比 max 的值大,则把该下标变量送入 max 中,因此 max 总是在已比较过的下标变量中为最大者的值。比较结束,输出 max 的值。

5.2　二　维　数　组

前面介绍了一维数组,在实际问题中有很多量是二维的或多维的,本节只介绍二维数组,多维数组可由二维数组类推得到。

5.2.1　定义二维数组

定义二维数组一般形式如下:

数组元素类型 数组名[常量表达式 1][常量表达式 2],…;

其中,常量表达式 1 表示第一维下标的长度,常量表达式 2 表示第二维下标的长度。例如:

```
int a[3][4];                                    /*定义二维数组*/
```

定义了一个 3 行 4 列的数组,数组名为 a,其下标变量的类型为整型。该数组的下标变量(元素)共有 3×4 个,即

```
a[0][0],a[0][1],a[0][2],a[0][3]
a[1][0],a[1][1],a[1][2],a[1][3]
a[2][0],a[2][1],a[2][2],a[2][3]
```

二维数组在概念上是二维的,即是说其下标在两个方向上变化,下标变量在数组中的位置也处于一个平面之中,而不是像一维数组只是一个方向上变化。但是实际的硬件存储器却是连续编址的,也就是存储器单元是按一维线性排列的。在一维存储器中存放二维数组,可有两种方式:一种是按行排列,即存储完一行之后顺次存储下一行;另一种是按列排列,即存储完一列之后再顺次放入下一列。在 C 语言中,二维数组是按行排列的。对于上面定义的数组,按行顺次存放,先存储第 1 行,再存储第 2 行,最后存储第 3 行。每行中有 4 个元素也是依次存储。具体存储顺序如下:

```
a[0][0],a[0][1],a[0][2],a[0][3],a[1][0],a[1][1],a[1][2],a[1][3],a[2][0],
a[2][1],a[2][2],a[2][3]
```

5.2.2　引用二维数组的元素

二维数组的元素也称为双下标变量,其引用形式如下:

数组名[下标 1][下标 2]

其中,下标 1 和下标 2 应为整型常量、整型变量或整型表达式。例如,a[3][4] 表示 a 数组 3 行 4 列的元素。引用下标变量与定义数组在形式中有些相似,但两者具有完全不同的含义。定义数组的"["和"]"之间给出的是某一维的长度;而数组元素中的下标是该元素在数组中的位置标识。前者只能是常量,后者可以是常量、变量或表达式。

例 5.3 一个学习小组有 5 个人,每个人有 3 门课的考试成绩如下所示。求全组分科的平均成绩和各科总平均成绩。

姓名	数学	C 语言	数据库系统
张明	80	75	92
王小艳	68	78	88
李杰	89	98	61
赵刚	78	86	69
周勇	98	96	89

可设一个二维数组 a[5][3] 存放 5 个人 3 门课的成绩。再设一个一维数组 v[3] 存放所求得各分科平均成绩,设变量 l 为全组各科总平均成绩。程序演示见 5031.mp4~5033.mp4,具体编程如下:

```
/* 文件路径名:e5_3\main.c */
#pragma warning(disable:4996)          /* 禁止对代号为 4996 的警告 */
#include<stdio.h>                       /* 标准输入输出头文件 */

int main(void)                          /* 主函数 main() */
{
    int i,j,s=0,l,v[3]={0},a[5][3];     /* 定义变量 */

    printf("输入成绩:\n");              /* 输入提示 */
    for (i=0;i<5;i++)
    {   /* 行 */
        for (j=0;j<3;j++)
        {   /* 列 */
            scanf("%d",&a[i][j]);        /* 输入成绩 */
            s=s+a[i][j];                 /* 求和 */
            v[j]=v[j]+a[i][j];           /* 对第 j 门课程成绩求和 */
        }
    }

    for (i=0;i<3;i++)
```

```
            v[i]=v[i]/5;                          /* 求平均成绩 */
        l=s/15;                                   /* 总平均成绩 */

        printf("数学:%d\nC 语言:%d\n 数据库系统:%d\n",v[0],v[1],v[2]);
                                                  /* 输出各科平均成绩 */
        printf("总平均成绩:%d\n",l);              /* 输出总平均成绩 */

        return 0;                                 /* 返回值 0,返回操作系统 */
}
```

程序运行时屏幕输出如下:

输入成绩:
80 75 92
68 78 88
89 98 61
78 86 69
98 96 89
数学:82
C 语言:86
数据库系统:79
总平均成绩:83

本例程序首先用了一个双重循环。在内循环中依次读入某学生 3 门课程的成绩,并把这些成绩累加起来以及累加各门课程的成绩,退出内循环后再用一个循环求各门课程的平均成绩,然后再求总平均成绩,最后按题意输出各成绩。

5.2.3　二维数组的初始化

二维数组初始化也是在数组定义时给各元素赋以初值。二维数组可按行分段赋值,也可按行连续赋值。例如对数组 a[5][3],按行分段赋值可写为

```
int a[5][3]={{80,75,92},{68,78,88},{89,98,61},{78,86,69},{98,96,89}};
                                                  /* 按行分段赋值 */
```

按行连续赋值可写为

```
int a[5][3]={80,75,92,68,78,88,89,98,61,78,86,69,98,96,89};   /* 按行连续赋值 */
```

这两种赋初值的结果是完全相同的。

例 5.4　将例 5.3 的成绩通过初始化方式赋值,改写例 5.3 的程序,求全组各科的平均成绩和各科总平均成绩,程序演示见 5041.mp4～5043.mp4。

```
/* 文件路径名:e5_4\main.c */
#include<stdio.h>                          /* 标准输入输出头文件 */

int main(void)                              /* 主函数 main() */
{
    int i,j,s=0,l,v[3]={0};                 /* 定义变量 */
    int a[5][3]={                           /* 按行分段赋值 */
        {80,75,92},
        {68,78,88},
        {89,98,61},
        {78,86,69},
        {98,96,89}};

    for (i=0;i<5;i++)
    {   /* 行 */
        for (j=0;j<3;j++)
        {   /* 列 */
            s=s+a[i][j];                    /* 求和 */
            v[j]=v[j]+a[i][j];              /* 对第 j 门课程成绩求和 */
        }
    }

    for (i=0;i<3;i++)
        v[i]=v[i]/5;                        /* 求平均成绩 */
    l=s/15;                                 /* 总平均成绩 */

    printf("数学:%d\nC 语言:%d\n 数据库系统:%d\n",v[0],v[1],v[2]);
                                            /* 输出各科平均成绩 */
    printf("总平均成绩:%d\n",l);             /* 输出总平均成绩 */

    return 0;                               /* 返回值 0,返回操作系统 */
}
```

程序运行时屏幕输出如下:

数学:82
C 语言:86
数据库系统:79
总平均成绩:83

对于二维数组初始化赋值有如下说明。

(1) 可以只对部分元素赋初值,未赋初值的元素自动取 0 值。

例如:

```
int a[3][3]={{1},{2},{3}};               /* 只对部分元素赋初值,其他元素为 0 */
```

对每一行的第一列元素赋值,未赋值的元素取 0 值。赋值后各元素的值为

```
1 0 0 2 0 0 3 0 0
```

(2) 如对全部元素赋初值,则第一维的长度可以不给出。
例如:

```
int a[3][3]={1,2,3,4,5,6,7,8,9};          /* 对全部元素赋初值 */
```

可以写为

```
int a[][3]={1,2,3,4,5,6,7,8,9};          /* 对全部元素赋初值,可省略第一维的长度 */
```

二维数组可以看作是由一维数组的嵌套而构成的。设一维数组的每个元素都是一个一维数组,就组成了二维数组。一个二维数组可以分解为多个一维数组。二维数组 a[3][4] 可分解为 3 个一维数组,其数组名分别为 a[0]、a[1]、a[2]。对这 3 个一维数组无须再做说明即可使用。这 3 个一维数组都有 4 个元素,例如一维数组 a[0] 的元素为 a[0][0]、a[0][1]、a[0][2]、a[0][3]。注意 a[0]、a[1]、a[2] 是数组名,不是一个单纯的下标变量。

5.3 用数组作为函数的参数

用一维数组名作为函数参数时,要求形参和相对应的实参都必须是元素类型相同的数组,在函数形参表中,允许不给出形参数组的长度,或用一个变量来表示数组元素的个数。

5.3.1 用数组元素作为函数的参数

由于函数实参可以是表达式,数组元素可以是表达式的组成部分,因此数组元素可以作函数的实参,按普通变量的方式对数组元素进行处理。

例 5.5 编写程序实现求给定的数组元素表示的工资中大于 2000 元的人数,程序演示见 5051.mp4~5053.mp4。

```
/* 文件路径名:e5_5\main.c */
#include<stdio.h>                    /* 标准输入输出头文件 */

#define N 10                         /* 定义常量 N */

int main(void)                       /* 主函数 main() */
{
```

```
    int wage[N]={1500,1890,2100,2600,1980,2980,3100,3600,2180,3208};
                                        /* 定义工资数组 */
    int i,num=0;                        /* 定义变量 i,num */
    int Count2000(int w);               /* 函数声明 */

    for (i=0;i<N;i++)
        num=num+Count2000(wage[i]);     /* 统计工资大于 2000 元的人数 */
    printf("共有%d人的工资大于 2000 元.\n",num);
                                        /* 输出工资大于 2000 元的人数 */

    return 0;                           /* 返回值 0,返回操作系统 */
}

int Count2000(int w)                    /* 函数定义 */
{
    return w>2000 ?1:0;                 /* 当 w 大于 2000 时,返回 1,否则返回 0 */
}
```

程序运行时屏幕输出如下:

共有 7 人的工资大于 2000 元.

本例程序中,Count2000(int w)用于判断 w 的值是否大于 2000,当 w>2000 时,返回 1,否则返回 0,在主函数 main()中,扫描工资数组 wage,对每个数组元素,调用 Count2000(),并累加返回值。

5.3.2 用一维数组名作为函数的参数

用数组名作为函数参数时,要求形参和相对应的实参都必须是元素类型相同的数组,在函数形参表中,允许不给出形参数组的长度或用一个变量来表示数组元素的个数。

例 5.6   数组 a 中存放了一个学生 5 门课程的成绩,求平均成绩,程序演示见 5061 .mp4～5063.mp4。

```
/* 文件路径名:e5_6\main.c */
#include<stdio.h>                       /* 标准输入输出头文件 */

float Average(float a[],int n)          /* 定义函数 */
{
    int i;                              /* 定义整型变量 */
    float av,s=0;                       /* 定义实型变量 */
```

```
    for (i=0;i<n;i++)
        s=s+a[i];                    /* 循环累加求和 */
    av=s/n;                          /* 求平均值 */

    return av;                       /* 返回平均值 */
}

int main(void)                       /* 主函数 main() */
{
    float av,score[5]={68,86,98,79,99};  /* 定义变量 av 与数组 */

    av=Average(score,5);             /* 调用函数 Average()求平均分 */
    printf("平均分:%0.1f\n",av);     /* 输出平均分 */

    return 0;                        /* 返回值 0,返回操作系统 */
}
```

程序运行时屏幕输出如下:

平均分:86.0

本例程序首先定义了一个实型函数 Average(),有一个形参为实型数组 a,用 n 表示数组元素个数。在函数 Average()中,把各元素值相加求出平均值,返回给主函数。主函数 main()中以 score 作为实参调用 Average()函数,函数返回值送 av,最后输出 av 值。

在用数组名作函数参数时,不是进行值的传送,即不是把实参数组的每一个元素的值都赋予形参数组的各个元素。编译系统不为形参数组分配内存,数组名就是数组的首地址。因此在数组名作函数参数时所进行的传送只是地址的传送,也就是说把实参数组的首地址赋予形参数组名。形参数组名取得该首地址之后,也就等于有了实参的数组。实际上是形参数组和实参数组为同一数组,共同拥有一段内存空间,如图 5.1 所示。

由于实际上形参和实参为同一数组,因此当形参数组发生变化时,实参数组也随之变化。调用函数之后实参数组的值将由于形参数组值的变化而变化。

实参数组		形参数组
score[0]	68	a[0]
score[1]	86	a[1]
score[2]	98	a[2]
score[3]	79	a[3]
score[4]	99	a[4]

图 5.1　形参数组和实参数组共占存储单元

例 5.7　编程实现逆序数组中的元素,程序演示见 5071.mp4～5073.mp4。

```
/* 文件路径名:e5_7\main.c */
#include<stdio.h>                    /* 标准输入输出头文件 */
```

```
void Reverse(int b[],int n)              /* 定义函数 */
{
    int i,tem;                           /* 定义变量 */

    for (i=0;i<n/2;i++)
    {   /* 交换 b[i] 与 b[n-i-1] */
        tem=b[i];b[i]=b[n-i-1];b[n-i-1]=tem;
                                         /* 循环赋值实现交换 b[i] 与 b[n-i-1] */
    }
}


int main(void)                           /* 主函数 main() */
{
    int a[10],i;                         /* 定义变量与数组 */

    for (i=0;i<10;i++)
        a[i]=2*i+1;                      /* 为数组 a 的各元素赋值 */

    printf("逆序前:");                    /* 输出提示 */
    for (i=0;i<10;i++)
        printf("%d ",a[i]);              /* 输出数组 a 各元素的值 */
    printf("\n");                        /* 换行 */

    Reverse(a,10);                       /* 逆序数组 a 各元素 */

    printf("逆序后:");                    /* 输出提示 */
    for (i=0;i<10;i++)
        printf("%d ",a[i]);              /* 输出数组 a 各元素的值 */
    printf("\n");                        /* 换行 */

    return 0;                            /* 返回值 0,返回操作系统 */
}
```

程序运行时屏幕输出如下：

逆序前：1 3 5 7 9 11 13 15 17 19
逆序后：19 17 15 13 11 9 7 5 3 1

本题程序中，"tem=b[i];b[i]=b[n-i-1];b[n-i-1]=tem;"用于交换 b[i] 与 b[n-i-1]，假设 b[i]=3，b[n-i-1]=17，具体执行过程如图 5.2 所示。

函数 Reverse() 用于实现逆序数组的元素，在调用 Reverse() 函数时，形参数组 b 和实参数组 a 共同占用一段内存单元，在 Reverse() 函数中数组 b 发生变化时，实参数组 a 也将随之发生变化。

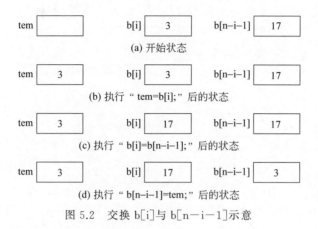

(a) 开始状态

(b) 执行 "tem=b[i];" 后的状态

(c) 执行 "b[i]=b[n−i−1];" 后的状态

(d) 执行 "b[n−i−1]=tem;" 后的状态

图 5.2　交换 b[i] 与 b[n−i−1] 示意

* 5.3.3　用多维数组作为函数的参数

多维数组也可以作为函数的参数。在函数定义时对形参数组可以指定每一维的长度,也可省去第一维的长度。因此,以下写法都是合法的:

```
int Fun(int a[6][10])
```

或

```
int Fun(int a[][10])
```

例 5.8　有一个 3×4 的二维数组,试编写函数实现求数组中所有元素的最大值,程序演示见 5081.mp4～5083.mp4。

```
/* 文件路径名:e5_8\main.c */
#include<stdio.h>                    /* 标准输入输出头文件 */

int Max(int a[][4])                  /* 定义函数 */
{
    int i,j,m=a[0][0];               /* 定义变量 */

    for (i=0;i<3;i++)
    {   /* 行 */
        for (j=0;j<4;j++)
        {   /* 列 */
            if (a[i][j]>m)           /* 如果 a[i][j]更大 */
                m=a[i][j];           /* 将 a[i][j]赋值给 m */
```

```
        }
    }

    return m;                               /* 返回最大值 */
}

int main(void)                              /* 主函数 main() */
{
    int a[3][4]={1,2,3,7,9,12,6,98,189,168,-20,58};    /* 定义二维数组 */
    int m;                                  /* 定义变量 */

    m=Max(a);                               /* 调用函数 Max() 求最大值 */
    printf("最大值:% d\n",m);               /* 输出最大值 */

    return 0;                               /* 返回值 0,返回操作系统 */
}
```

程序运行时屏幕输出如下:

最大值: 189

本例程序中函数 Max() 用于求数组元素的最大值,算法思路是,设 m 表示最大值,先设 a[0][0] 最大(也就是 m＝a[0][0]),然后按行依次扫描各元素,将比 m 大的元素值赋给 m,最后 m 就是所求的最大值。

5.4　字符数组与字符串

5.4.1　字符数组

用于存放字符的数组称为字符数组。字符数组类型定义的形式与前面介绍的数值数组相同。例如:

```
char c[10];                             /* 定义长度为 10 的字符数组 a */
```

字符数组也可以是二维或多维数组,例如:

```
char c[6][18];                          /* 定义二维字符数组 a */
```

就为二维字符数组。字符数组允许在定义时作初始化赋值。例如:

```
char c[10]={'H','e','l','l','o'};       /* 定义字符数组的同时为字符数组元素赋初值 */
```

赋值后各元素的值为'H','e','l','l','o','\0','\0','\0','\0','\0'。

数组 c 的 c[5]、c[6]、c[7]、c[8]、c[9] 未赋值,由系统自动赋字符'\0'(字符'\0'的 ASCII 码为 0)。当对全体元素赋初值时也可以省去长度说明。例如:

```
char c[]={'H','e','l','l','o'};
                                /* 定义字符数组,并为所有元素都赋初值,可以省去长度说明 */
```
这时 c 数组的长度自动定为 5。

例 5.9　二维字符数组示例,程序演示见 5091.mp4～5093.mp4。

```
/* 文件路径名:e5_9\main.c */
#include<stdio.h>                          /* 标准输入输出头文件 */

int main(void)                             /* 主函数 main() */
{
    int i,j;                               /* 定义变量 */
    char a[][5]={{'B','A','S','I','C'},{'d','B','A','S','E'}};
                                           /* 定义二维数组 */

    for (i=0;i<=1;i++)
    {   /* 行 */
        for (j=0;j<=4;j++)
            printf("%c",a[i][j]);          /* 显示一行中的字符 */
        printf("\n");                      /* 换行 */
    }

    return 0;                              /* 返回值 0,返回操作系统 */
}
```

程序运行时屏幕输出如下:

```
BASIC
dBASE
```

本例程序中的 a 为二维字符数组,由于在初始化时全部元素都赋以初值,因此第一维下标的长度可不加以说明。

5.4.2　字符串

字符串简称串,在 C 语言中没有专门的字符串变量,通常用一个字符数组来存放一个字符串。字符串总是以'\0'作为字符串的结束符。因此当把一个字符串存入一个字符数组时,也把结束符'\0'存入字符数组,并以此作为该字符串是否结束的标志。

C 语言允许用字符串的方式对字符数组进行初始化赋值。例如:

```
char c[]={'C',' ','p','r','o','g','r','a','m','\0'};    /* 定义字符串,并赋初值 */
```

可写为

```
char c[]={"C program"};                    /* 定义字符串,并用字符串常量赋初值 */
```

或去掉"{"和"}"写为

```
char c[]="C program";                      /* 定义字符串,并用字符串常量赋初值 */
```

用字符串方式赋值比用字符逐个赋值要多占 1 字节,用于存放字符串结束标志'\0'。由于采用了'\0'标志,所以在用字符串赋初值时一般无须指定数组的长度,而由系统自行处理。在采用字符串方式后,字符数组的输入输出将变得简单方便。除了上述用字符串赋初值的办法外,还可用 scanf()函数一次性输入一个字符数组中的字符,而不必使用循环语句逐个地输入每个字符。

例 5.10 字符串示例,程序演示见 5101.mp4～5103.mp4。

```
/* 文件路径名:e5_10\main.c */
#pragma warning(disable:4996)              /* 禁止对代号为 4996 的警告 */
#include<stdio.h>                          /* 标准输入输出头文件 */

int main(void)                             /* 主函数 main() */
{
    char s[15];                            /* 定义字符串 */

    printf("输入串:\n");                    /* 输入提示 */
    scanf("%s",s);                         /* 输入串 */
    printf("% s\n",s);                     /* 输出串 */

    return 0;                              /* 返回值 0,返回操作系统 */
}
```

程序运行时屏幕输出如下:

输入串:
Hello
Hello

本例中由于定义数组长度为 15,因此输入的字符串长度必须小于 15,以留出 1 字节用于存放字符串结束标志'\0'。应该说明的是,对一个字符数组,如果不作初始化赋值,则必须说明数组长度。当用 scanf()函数输入字符串时,字符串中不能含有空格,否则将以空格作为字符串的输入结束的标志。

5.4.3　字符串常用函数

C 语言提供了丰富的字符串处理函数,使用这些函数可大大减轻编程的负担。用于输入输出的字符串函数,在使用前应包含头文件 stdio.h;使用其他字符串函数则应包含头文件 string.h。下面介绍几个最常用的字符串函数。

1. 字符串输出函数 puts()

格式如下:

puts(字符数组)

功能:将字符数组中的字符串输出到屏幕。即在屏幕上显示该字符串。

例 5.11　字符串输出函数 puts()示例,程序演示见 5111.mp4～5113.mp4。

```
/* 文件路径名:e5_11\main.c */
#include<stdio.h>                    /* 标准输入输出头文件 */

int main(void)                       /* 主函数 main() */
{
    char str[]="This is a string.";  /* 定义字符串 */
    puts(str);                       /* 输出串 */

    return 0;                        /* 返回值 0,返回操作系统 */
}
```

程序运行时屏幕输出如下:

```
This is a string.
```

2. 字符串输入函数 gets()

格式如下:

gets(字符数组)

功能:从标准输入设备(键盘)上输入一个字符串。本函数的函数值为该字符数组的首地址。

例 5.12　字符串输入函数 gets()示例,程序演示见 5121.mp4～5123.mp4。

```
/*文件路径名:e5_12\main.c*/
#include<stdio.h>                    /*标准输入输出头文件*/

int main(void)                       /*主函数main()*/
{
    char str[18];                    /*定义字符串*/

    printf("输入串:\n");             /*输入提示*/
    gets(str);                       /*输入串*/
    puts(str);                       /*输出串*/

    return 0;                        /*返回值0,返回操作系统*/
}
```

程序运行时屏幕输出如下:

输入串:
This is a string.
This is a string.

从运行时的屏幕输出可以看出,当输入的字符串中含有空格时,输出仍为全部字符串。说明 gets() 函数并不以空格符作为字符串输入结束的标志,而是以回车符作为结束输入的标志。这与 scanf() 函数是不相同的。

3. 字符串连接函数 strcat()

格式如下:

strcat(字符数组1,字符数组2)

功能:把字符数组 2 中的字符串 2 连接到字符数组 1 中的字符串 1 的后面,并删去字符串 1 后的字符串结束标志'\0'。函数返回值是字符数组 1 的首地址。

例 5.13 字符串连接函数 strcat() 示例,程序演示见 5131.mp4～5133.mp4。

```
/*文件路径名:e5_13\main.c*/
#pragma warning(disable:4996)        /*禁止对代号为4996的警告*/
#include<stdio.h>                    /*标准输入输出头文件*/
#include<string.h>                   /*字符串头文*/

int main(void)                       /*主函数main()*/
{
```

```
    char str1[30]="你的名字是",str2[10];      /* 定义字符串 */

    printf("输入你的名字:");                   /* 输入提示 */
    gets(str2);                               /* 输入 str2 */
    strcat(str1,str2);                        /* 将 str2 连接到 str1 的后面 */
    puts(str1);                               /* 输出 str1 */

    return 0;                                 /* 返回值 0,返回操作系统 */
}
```

程序运行时屏幕输出如下:

输入你的名字:李明
你的名字是李明

本例程序把初始化赋值的字符串与动态赋值的字符串连接起来。

注意:字符数组 1 应定义足够的长度,否则不能全部装入被连接的字符串。

4. 字符串复制函数 strcpy()

格式如下:

strcpy(字符数组 1,字符数组 2)

功能:把字符数组 2 中的字符串复制到字符数组 1 中。字符串结束标志'\0'也一同复制。字符数组 2 也可以是一个字符串常量。这时相当于把一个字符串赋予一个字符数组。

例 5.14 字符串复制函数 strcpy()示例,程序演示见 5141.mp4～5143.mp4。

```
/* 文件路径名:e5_14\main.c */
#pragma warning(disable:4996)               /* 禁止对代号为 4996 的警告 */
#include<stdio.h>                            /* 标准输入输出头文件 */
#include<string.h>                           /* 字符串头文 */

int main(void)                               /* 主函数 main() */
{
    char str1[18],str2[]="C 语言";           /* 定义字符串 */

    strcpy(str1,str2);                       /* 复制字符串 */
    puts(str1);                              /* 输出字符串 */

    return 0;                                /* 返回值 0,返回操作系统 */
}
```

程序运行时屏幕输出如下：

C 语言

strcpy()函数要求字符数组 1 应有足够的长度，否则不能全部装入所复制的字符串。

5. 字符串比较函数 strcmp()

格式如下：

strcmp(字符数组 1,字符数组 2)

功能：按照 ASCII 码顺序比较两个数组中的字符串 1 与字符串 2，并由函数返回值返回比较结果。

如果字符串 1＝字符串 2，则返回值＝0；

如果字符串 1＞字符串 2，则返回值＞0；

如果字符串 1＜字符串 2，则返回值＜0。

本函数也可用于比较两个字符串常量。

例 5.15 字符串比较函数 strcmp()示例，程序演示见 5151.mp4～5153.mp4。

```
/*文件路径名:e5_15\main.c*/
#include<stdio.h>                          /*标准输入输出头文件*/
#include<string.h>                         /*字符串头文件*/

int main(void)                             /*主函数 main()*/
{
    int k;                                 /*定义变量*/
    char str1[18],str2[]="C Language";     /*定义字符串*/

    printf("输入串 str1:");                 /*输入提示*/
    gets(str1);                            /*输入 str1*/
    k=strcmp(str1,str2);                   /*调用函数 strcmp()*/
    if (k==0) printf("str1=str2\n");       /*相等*/
    else if (k>0) printf("str1>str2\n");   /*大于*/
    else printf("str1<str2\n");            /*小于*/

    return 0;                              /*返回值 0,返回操作系统*/
}
```

程序运行时屏幕输出如下：

输入串 str1:C Program.

```
str1>str2
```

本例程序中把输入的字符串和数组 str2 中的串进行比较，比较结果返回到 k 中，根据 k 值再输出结果提示串。当输入为"C Program."时，由 ASCII 码可知"C Program."大于"C Language"故 k>0，输出结果"str1>str2"。

6. 求字符串长度函数 strlen()

格式如下：

```
strlen(字符数组)
```

功能：求字符串的实际长度(不含字符串结束标志'\0')并作为函数返回值。

例 5.16 求字符串长度函数 strlen() 示例，程序演示见 5161.mp4～5163.mp4。

```
/* 文件路径名:e5_16\main.c */
#include<stdio.h>                    /* 标准输入输出头文件 */
#include<string.h>                   /* 字符串头文件 */

int main(void)                       /* 主函数 main() */
{
    char str[]="C Language";         /* 定义字符串 */
    printf("串长度为%d\n",strlen(str)); /* 输出串长度 */

    return 0;                        /* 返回值 0,返回操作系统 */
}
```

程序运行时屏幕输出如下：

```
串长度为 10
```

5.5　数组程序举例

例 5.17 在二维数组 a 中选出各行最大的元素组成一个一维数组 b，程序演示见 5171.mp4～5173.mp4。

编程思路如下：在数组 a 的每一行中寻找最大的元素，找到之后把该值赋予数组 b

相应的元素即可。程序如下：

```c
/*文件路径名:e5_17\main.c*/
#include<stdio.h>                    /*标准输入输出头文件*/

int main(void)                       /*主函数main()*/
{
    int a[3][4]={3,16,87,65,4,32,11,108,10,25,12,27};    /*定义二维数组a*/
    int b[3];                        /*定义一维数组b*/
    int i,j,m;                       /*定义变量*/

    for (i=0;i<3;i++)
    {   /*行*/
        m=a[i][0];                   /*设第i行中a[i][0]最大*/
        for (j=1;j<4;j++)
            if (m<a[i][j])           /*如果a[i][j]更大*/
                m=a[i][j];           /*将a[i][j]赋值给m*/
        b[i]=m;                      /*将m赋值给b[i]*/
    }

    printf("数组a:\n");               /*输出提示*/
    for (i=0;i<3;i++)
    {   /*行*/
        for (j=0;j<4;j++)
            printf("%5d",a[i][j]);    /*输出第i行的元素a[i][j]*/
        printf("\n");                /*换行*/
    }

    printf("数组b:\n");               /*输出提示*/
    for (i=0;i<3;i++)
        printf("%5d",b[i]);          /*输出b[i]*/
    printf("\n");                    /*换行*/

    return 0;                        /*返回值0,返回操作系统*/
}
```

程序运行时屏幕输出如下：

数组a:
```
  3    16    87    65
  4    32    11   108
 10    25    12    27
```
数组b:
```
87   108    27
```

本例程序中,第一个 for 语句中又嵌套了一个 for 语句组成了双重循环。外循环控制逐行处理,并把每行的第 0 列元素赋予 m。进入内循环后,把 m 与后面各列元素比较,并把比 m 大的元素赋予 m。内循环结束时 m 为该行最大的元素,然后把 m 值赋予 b[i]。等外循环全部完成时,数组 b 中已装入了 a 各行中的最大值。后面的两个 for 语句分别用于输出数组 a 和数组 b。

5.6　指针变量的定义

指针变量的本质就是以内存地址作为值的变量,变量在正常情况下都有一个具体的值,而指针包含的是变量的地址,也就是说,变量名直接引用一个值,而指针是间接地引用一个值,如图 5.3 所示,通过指针引用一个变量的值称为"间接引用"。

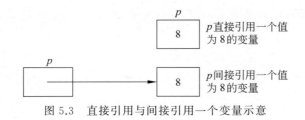

图 5.3　直接引用与间接引用一个变量示意

指针变量在使用前必须进行定义,定义格式如下:

基类型 *指针变量名;

其中,"基类型"是指针所指向的变量的数据类型,"*指针变量名"表示这是一个指针变量。

例如:

```
int *p
```

表示 p 是一个指针变量,它的值是某个整型变量的地址。或者说 p 指向一个整型变量。

注意:对每一个指针,都必须在名字前面加前缀 * 予以定义。

例如:

```
int *p,a;
```

表示 p 为指向整数值的指针,而 a 是一个整型变量。

```
int *p,*q;
```

表示 p 与 q 都为指向整数值的指针。

5.7　指针运算符

运算符"&"一般称为取地址运算符或简称为地址运算符,用于返回操作数的地址,例如有如下定义语句：

```
int a=8;
int * p;
```

这时语句

```
p=&a;
```

将变量 a 的地址赋给指针变量 p，变量 p 称为"指向变量 a"，如图 5.4 所示。

图 5.4　指向内存中的某个变量的指针示意

注意：地址运算符的操作数必须是一个变量，而不能将地址运算符作用于常量和表达式。

运算符"＊"一般称为间接引用运算符，也可称为取内容运算符，用于返回一个指针所指向的变量的值，如果 p 指向变量 a，则 ＊p 与 a 表示相同的存储单元，也就是 ＊p 与 a 等价，例如语句

```
printf("%d", * p);
```

表示输出指针 p 所指变量 a 的值。

注意：指针没有指向具体的存储单元将导致执行错误或意外地修改重要数据。

例 5.18　下面的程序用于演示指针运算符的用法，从输出结果可以发现变量 a 的地址与 p 的值是相等的，运算符"&"与"＊"互为补充，将它们以任意顺序连续地用在 p 上，其结果与 p 的值相同，程序演示见 5181.mp4～5183.mp4。

```
/ * 文件路径名:e5_18\main.c * /
#include<stdio.h>                    / * 标准输入输出头文件 * /

int main(void)                       / * 主函数 main() * /
{
    int a=9;                         / * a 是一个值为 9 的整数 * /
    int * p;                         / * p 是一个指向整数的指针 * /

    p=&a;                            / * 将 a 的地址赋值给 p * /
    printf("a 的地址为:%x\n",&a);     / * 输出 a 的地址 * /
    printf("p 的值为:%x\n",p);        / * 输出 p 的值 * /
```

```
        printf("a 的值为%d\n",a);              /*输出 a 的值*/
        printf("*p 的值为%d\n",*p);            /*输出*p 的值*/

        printf("演示*和 & 的互补特性:\n&*p=%x\n*&p=%x\n",&*p,*&p);
                                              /*演示*和 & 的互补特性*/

        return 0;                             /*返回值 0,返回操作系统*/
}
```

程序运行时屏幕输出如下:

a 的地址为 13ff7c
p 的值为 13ff7c
a 的值为 9
*p 的值为 9
演示*和 & 的互补特性:
&*p=13ff7c
*&p=13ff7c

5.8　指向 void 的指针

在 ANSI C 新标准中,允许基类型为 void 的指针变量,这样的指针变量不指向确定的类型。

设有如下的变量声明:

```
int *p;        /*指向 int 的指针*/
void *q;       /*指向 void 的指针*/
```

下面是合法的赋值语句:

```
p=NULL;         /*NULL 表示空值,表示 p 不指向任何变量*/
p=(int *)q;     /*通过强制类型转换可将指向 void 的指针赋给指向其他类型的指针*/
p=q;            /*指向 void 的指针可通过隐式类型转换直接赋给指向其他类型的指针*/
q=(void *)p;    /*通过强制类型转换可将指向其他类型的指针赋给指向 void 类型的指针*/
q=p;            /*指向其他类型的指针可通过隐式类型转换直接赋给指向 void 类型的指针*/
```

5.9　函数参数的引用传递

将变量作为函数实参的传递方式有两种:值传递和引用传递。

值传递是指将实参的值复制给对应的函数形参,在函数调用环境中实参的值并不发生变化;引用传递是指将实参的地址复制成对应形参的地址,也就是实参与形参表示同一个内存单元,这样对形参的操作与对实参的操作是等价的,在函数调用过程中实参的值可能会发生变化。

在 C 语言中所有函数参数的传递都是值传递的,要实现引用传递只能用指针和间接引用运算符实现。在调用某个函数并且以变量作为参数时,如果需要修改变量的值,这时应给函数传递参数的地址,一般在需要修改值的变量前面使用地址运算符 &,当将变量的地址传递给函数参数时,可以在函数体中用间接引用运算符"＊"修改内存单元中此变量的值。

函数参数的引用传递的操作步骤如下。

(1) 将函数参数声明为指针。

(2) 在函数体内使用间接引用运算符"＊"访问指针。

(3) 当调用函数时,将地址作为参数传递。

例 5.19 使用函数参数的引用传递实现交换两个变量的值,程序演示见 5191.mp4～5193.mp4。

程序源代码如下:

```
/＊文件路径名:e5_19\main.c＊/
#include<stdio.h>                          /＊标准输入输出头文件＊/

void Swap(int ＊,int ＊);                   /＊交换两个变量的值＊/

int main(void)                             /＊主函数 main()＊/
{
    int x=6,y=9;                           /＊定义变量＊/

    printf("调用函数前:x=%d,y=%d\n",x,y);   /＊输出交换前 x、y 的值＊/
    Swap(&x,&y);                           /＊调用函数时,将地址作为参数传递＊/
    printf("调用函数后:x=%d,y=%d\n",x,y);   /＊输出交换后 x、y 的值＊/

    return 0;                              /＊返回值 0,返回操作系统＊/
}

void Swap(int ＊p,int ＊q)                  /＊将函数参数声明为指针＊/
{
    int tem;                               /＊临时变量＊/
    /＊在函数体内使用间接引用运算符"＊"访问指针＊/
    tem=＊p;＊p=＊q;＊q=tem;                 /＊循环赋值实现交换＊p 与＊q＊/
}
```

程序运行时屏幕输出如下:

调用函数前:x=6,y=9

调用函数后:x=9,y=6

下面对函数 Swap()进行分析,函数的返回值类型是 void,表示没有返回值,参数 p 和 q 都为指向 int 的指针,变量 tem 对于函数来说是局部的,此处用于临时变量,在 main() 函数中用 &x 和 &y 作为参数调用时函数,在内存中存储单元示意图如图 5.5 所示。

函数体的如下语句组:

```
tem=*p;*p=*q;*q=tem;                            /*循环赋值实现交换*p与*q*/
```

第 1 条语句 tem=*p 将 p 所指对象的值赋值给变量 tem,执行后在内存中指针变量所指内存单元如图 5.6 所示。

图 5.5 交换前存储单元示意图   图 5.6 语句 tem=*p 执行后存储单元示意图

第 2 条语句 *p=*q 将 q 所指对象的值赋值给 p 所指对象,执行后在内存中存储单元示意图如图 5.7 所示。

第 3 条语句 *q=tem 将 tem 赋值给 q 所指的对象,执行后在内存中存储单元示意图如图 5.8 所示。

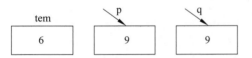
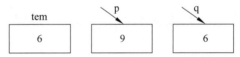

图 5.7 语句 *p=*q 执行后存储单元示意图   图 5.8 语句 *q=tem 执行后存储单元示意图

说明:

(1) 函数参数的引用传递的编程常见错误是在函数体中需要使用间接引用运算符 "*"的地方没有使用"*"。

(2) 将地址作为参数的函数必须定义一个接收地址的指针参数,例如 Swap()函数的首部为

```
void Swap(int *p,int *q)
```

说明 Swap()函数的参数要求接收两个整型变量的地址,此地址存储在形参 p 和 q 中,并且函数没有返回值。

例 5.20 使用指针作形参实现求一个数的平方,程序演示见 5201.mp4~5203.mp4。

Square()函数用传地址方式传递参数,用指向 int 的指针 p 作参数,函数体中间接引

用指针所指的变量并计算了 p 所指变量的值的平方,改变了 main( )函数中变量 n 的值,
程序源代码如下:

```
/*文件路径名:e5_20\main.c*/
#include<stdio.h>                          /*标准输入输出头文件*/

void Square(int *p)
{
    *p=*p**p;                              /*采用间接引用运算符*访问指针所指向的存储单元*/
}

int main(void)                             /*主函数 main()*/
{
    int n=6;                               /*定义变量*/

    printf("函数调用前 n 的值:%d\n",n);      /*输出调用前 n 的值*/
    Square(&n);                            /*调用 Square()函数求平方*/
    printf("函数调用后 n 的值:%d\n",n);      /*输出调用后 n 的值*/

    return 0;                              /*返回值 0,返回操作系统*/
}
```

程序运行时屏幕输出如下:

函数调用前 n 的值:6
函数调用后 n 的值:36

5.10　指针变量和数组

5.10.1　指针变量与一维数组

1. 指向数组元素的指针变量

一个数组由连续的一片内存单元(此处内存单元指字节)组成。数组名就是这片连续
内存单元的首地址。一个数组也由各数组元素(下标变量)组成。每个数组元素占用若干
连续的内存单元。一个数组元素的地址也是指它所占有的内存单元的首地址。数组名实
际上是一个地址,它的值就为 0 号元素的地址,一个指针变量可以指向一个数组,也可以
指向数组的一个元素,可将数组名或 0 号元素的地址赋予它。如要使指针变量指向 i 号
元素,可以把 i 号元素的首地址赋予它或把数组名加 i 赋予它。

数组名实际上是一个指针,在对内存的访问方面,指针和数组几乎是完全相同的,当
然也有不同,并且这些不同之处是微妙重要的,指针是以地址作为值的变量,数组名是一
个固定的地址常量,可看作指针常量,在定义数组时,编译器将分配数组起始地址及足够
的存储空间,数组名就是数组起始地址,也是数组的 0 号元素的地址,设有如下定义:

```
#define N 10                    /* 定义常量 N */
int a[N], *p;                   /* 定义数组 a 和指针 p */
```

语句

```
p=a;                            /* 将数组名赋值给 p */
```

与语句

```
p=&a[0];                        /* 将数组元素 a[0]的地址赋值给 p */
```

等价,都是将数组的起始地址,也是 a[0]的地址赋值给 p,这样赋值后,p,a,&a[0]都指向同一存储单元,它们都是数组 a 的首地址,也是 0 号元素 a[0]的首地址。p+1、a+1、&a[1]均指向 1 号元素 a[1]。同样,p+i、a+i、&a[i]均指向 i 号元素 a[i],如图 5.9 所示。这里 p 是指针变量,而 a、&a[i]是常量。

引入指针变量后,可以用两种方法来访问数组元素。

(1) 下标法,用 a[i]或 p[i]形式访问数组元素。

(2) 指针法,即采用 *(p+i)或 *(a+i)形式,用间接访问的方法来访问数组元素。

从上面的说明可知,a[i],p[i], *(a+i)和 *(p+i)等价,如图 5.10 所示。

p, a, &a[0]	
p+1, a+1, &a[1]	a[0]
	a[1]
p+i, a+i, &a[i]	⋮
	a[i]
	⋮
p+8, a+8, &a[8]	
p+9, a+9, &a[9]	a[8]
	a[9]

图 5.9 指向数组元素的指针示意

p, a, &a[0]	
p+1, a+1, &a[1]	a[0], p[0], *p, *a
	a[1], p[1], *(p+1), *(a+1)
p+i, a+i, &a[i]	⋮
	a[i], p[i], *(p+i), *(a+i)
	⋮
p+8, a+8, &a[8]	
p+9, a+9, &a[9]	a[8], p[8], *(p+8), *(a+8)
	a[9], p[8], *(p+9), *(a+9)

图 5.10 指针与数组元素示意

下面是实例。

例 5.21 斐波那契数列定义如下:

$$a_0=0, a_1=1, a_2=1, a_3=2, \cdots, a_i=a_{i-1}+a_{i-2}, \cdots$$

试采用数组的指针表示法输出 $a_0 \sim a_{19}$,程序演示见 5211.mp4~5213.mp4。

在程序中数列用数组 a 表示,同时定义指向数组元素的指针 p,具体程序实现如下:

```
/* 文件路径名:e5_21\main.c */
```

```
#include<stdio.h>                        /*标准输入输出头文件*/
#define N 20                             /*定义常量*/

int main(void)                           /*主函数main()*/
{

    int a[N], * p=a;                     /*声明数组和指针变量*/
    int i;                               /*临时变量*/

    * p=0; * (p+1)=1;                    /*赋初值;a[0]= * p,a[1]= * (p+1)*/
    for (i=2;i<N;i++)
    {   /*通过指针间接访问数组元素方式实现a[i]=a[i-1]+a[i-2]*/
        * (p+i)= * (p+i-1)+ * (p+i-2);/*a[i]= * (p+i),a[i-1]= * (p+i-1),a[i-2]=
        * (p+i-2)*/
    }

    for (i=0;i<N;i++)
    {   /*输出数组,每行输出5个元素,共4行*/
        if (i%5==0)printf("\n");         /*换行*/
        printf("%10d", * (p+i));         /*输出 * (p+i),也就是输出a[i]*/
    }
    printf("\n");                        /*换行*/

    return 0;                            /*返回值0,返回操作系统*/
}
```

程序运行时屏幕输出如下:

```
    0         1         1         2         3
    5         8        13        21        34
   55        89       144       233       377
  610       987      1597      2584      4181
```

2. 一维数组作为函数参数

数组名就是数组的首地址,当把数组的存储首地址即数组名作为实参来调用函数时,这就是传址调用。在被调用函数中,C语言编译器以指针变量作为形参接收数组的地址,该指针指向了数组的存储空间。

当数组名作为实参时,对应的形参除了可以是指针外,还可以用另外两种形式。例如,若a是一个以

```
int a[M];
```

定义的一维整型数组(M是一个常量),假设 f()函数无返回值,则调用函数 f(a)对应的f()函数首部可以有以下3种形式:

```
void f(int * p);
void f(int a[]);
void f(int a[M]);
```

说明：对于后两种形式的定义的形式与数组的定义方式相同，但 C 编译系统都将 a 处理成第一种的指针形式。

例 5.22 用指针变量作函数形参，数组名作实参，试编写程序求 N 个数的平均值，程序演示见 5221.mp4～5223.mp4。

在主函数中定义数组 a[N]，在主程序中为数组输入元素值后，用 Average( )函数求平均值，具本程序代码如下：

```
/* 文件路径名:e5_22\main.c */
#pragma warning(disable:4996)          /* 禁止对代号为 4996 的警告 */
#include<stdio.h>                      /* 标准输入输出头文件 */

#define N 10                           /* 定义常量 */

float Average(float * p, int n)        /* 求 p[0]~p[n-1]的平均值 */
{
    int i;                             /* 定义整型变量 i */
    float sum=0;                       /* 定义实型变量 sum */

    for (i=0; i<n; i++)
        sum+=*(p+i);                   /* 累加求和 p[i]= * (p+i) */

    return sum/n;                      /* 返回平均值 */
}

int main(void)                         /* 主函数 main() */
{
    float a[N], av;                    /* 定义变量与数组 */
    int i;                             /* 定义整型变量 i */

    for (i=0; i<N; i++)
    {   /* 输入数组元素值 */
        printf("请输入%d 号元素值:", i);   /* 输入提示 */
        scanf("%f", a+i);              /* 输入 a[i];&a[i]=a+i */
    }
```

```
        av=Average(a,N);                        /* 求平均值 */
        printf("平均值:%f\n",av);                /* 输出平均值 */

        return 0;                               /* 返回值 0,返回操作系统 */
}
```

程序运行时屏幕输出如下:

```
请输入 0 号元素值:35
请输入 1 号元素值:18.9
请输入 2 号元素值:26.8
请输入 3 号元素值:56.7
请输入 4 号元素值:89.6
请输入 5 号元素值:98.1
请输入 6 号元素值:88.2
请输入 7 号元素值:108.2
请输入 8 号元素值:168
请输入 9 号元素值:198
平均值:88.750000
```

*5.10.2　指针变量与二维数组

1. 二维数组元素的不同表示形式

假设,有整型二维数组 a[3][4]如下:

$$\begin{bmatrix} 1 & 2 & 3 & 4 \\ 5 & 6 & 7 & 8 \\ 9 & 10 & 11 & 12 \end{bmatrix}$$

用 C 语言可表示如下:

```
int a[3][4]={{1,2,3,4},{5,6,7,8},{9,10,11,12}};
```

C 语言允许把一个二维数组分解为多个一维数组来处理,也就是数组 a 可分解为 3 个一维数组,即 a[0]、a[1]和 a[2],每一个一维数组又含有 4 个元素,其中的每个一维数组 a[i]都称为行数组,如图 5.11 所示。

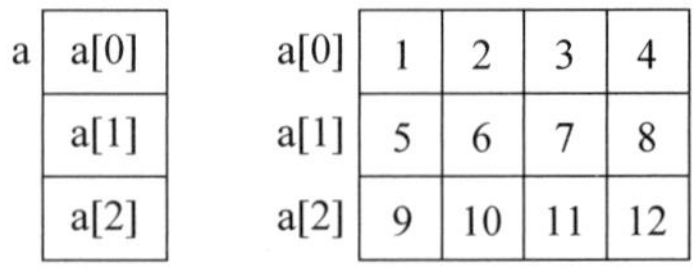

例如 a[0]数组,含有 a[0][0]、a[0][1]、a[0][2]和 a[0][3]这 4 个元素。

由于 b[j]与 *(b+j)等价,对于二维数组元素 a[i][j],将行数组名 a[i]当作 b 代入 *(b+j)得到 *(a[i]+j),也就是 a[i][j]与 *(a[i]+j)等价,再将 a[i]替换为 *(a+i)

图 5.11　二维数组示意图

得到 *(*(a+i)+j),这样可知,a[i][j]、*(a[i]+j)与 *(*(a+i)+j)三者等价。

例 5.23　求二维数组各元素之和,程序演示见 5231.mp4～5233.mp4。

```
/* 文件路径名:e5_23\'main.c */
#include<stdio.h>                      /* 标准输入输出头文件 */
int main(void)                         /* 主函数 main() */
{
    int a[3][4]={{1,2,3,4},{5,6,7,8},{9,10,11,12}},i,j,s=0;
                                       /* 定义数组与变量 */

    for (i=0;i<3;i++)                  /* 行 */
        for (j=0;j<4;j++)              /* 列 */
            s=s+a[i][j];               /* 累加求和 */
    printf("和为%d\n",s);             /* 输出各元素之和 */

    return 0;                          /* 返回值 0,返回操作系统 */
}
```

程序运行时屏幕输出如下:

和为 78

读者可将

```
s=s+a[i][j];
```

中的"a[i][j]"替换为"*(a[i]+j)"与"*(*(a+i)+j)",并上机测试程序。

2. 通过指向二维数组元素的指针变量来引用二维数组的元素

因为每个二维数组元素就是一个变量,并且此变量的类型为基类型,因此指向二维数组元素的指针变量与指向基类型的指针变量相同。指向二维数组元素的指针变量定义的一般格式如下:

基类型 *指针变量名;

例如:

```
int a[3][4],*p=&a[0][0];
```

其中,a 是一个 3 行 4 列二维数组,其每个元素是一个整型变量,p 是一个整型指针变量,显然 p 可以指向 a 的元素,此处 p 被初始化为 a[0][0]的地址。

由于二维数组在内存中是按行连续存放的,因此当用指针变量指向二维数组的 0 行 0 列元素后,利用此指针变量就可以处理二维数组的任一个元素。

例 5.24 求二维数组各元素中的最大值,程序演示见 5241.mp4~5243.mp4。

```
/* 文件路径名:e5_24\main.c */
#include<stdio.h>                    /* 标准输入输出头文件 */

int main(void)                       /* 主函数 main() */
{
    int a[3][4]={{1,2,3,4},{5,6,7,8},{9,10,11,12}},i,*p=&a[0][0],m=a[0][0];
        /* 定义数组与变量 */

    for (i=1;i<12;i++)
    {   /* 遍历 a[0][0]的其他元素 */
        ++p;                         /* p 移向下一个元素 */
        if (*p>m)m=*p;               /* 比较求最大值 */
    }
    printf("最大值为%d\n",m);        /* 输出各元素中的最大值 */

    return 0;                        /* 返回值 0,返回操作系统 */
}
```

程序运行时屏幕输出如下:

最大值为 12

3. 通过指向行数组的行指针变量来引用二维数组的元素

指向二维数组行数组的行指针变量一般的定义格式如下:

基类型(*指针变量)[常量表达式]

其中,"常量表达式"指二维数组中的一维数组的元素个数,即对应数组定义中的"常量表达式 2"。

例如,有如下定义:

int a[3][4],(*p)[4];

在这里,对于(*p)[4],"*"首先与 p 结合,表示 p 是一个指针变量,然后再与标识符"[4]"结合,表示指针变量 p 的基类型是一个包含有 4 个 int 元素的数组。数组 a 可分解为 3 个一维数组,即 a[0]、a[1]和 a[2],每一个一维数组又含有 4 个元素,也就是数组 a 可看成基类型是一个包含有 4 个 int 元素的数组的数组,所以 p 与 a 的基类型相同。因此,有如下语句:

p=a;

或

```
p=&a[0];
```

是合法的赋值语句。p+i 与 a+i 都指向 a[i],所以 * (p+i)、* (a+i)与 a[i]等价,而p[i]
与 * (p+i)等价,所以 p[i] 与 a[i]等价,a[i][j]和 p[i][j]等价。进一步可知,
* (* (a+i)+j)、* (* (p+i)+j)、* (a[i]+j)、* (p[i]+j)、a[i][j]和 p[i][j]等价。

例 5.25 求二维数组各元素中的最小值,程序演示见 5251.mp4~5253.mp4。

```
/* 文件路径名:e5_25\main.c */
#include<stdio.h>                     /* 标准输入输出头文件 */

int main(void)                        /* 主函数 main() */
{
    int a[3][4]={{1,2,3,4},{5,6,7,8},{9,10,11,12}},( * p)[4]=a;
                                      /* 定义数组与行指针变量 */
    int i,j,m=a[0][0];                /* 定义变量 */

    for (i=0;i<3;i++)                 /* 行 */
        for (j=0;j<4;j++)             /* 列 */
            if (p[i][j]<m)m=p[i][j];  /* 比较求最小值 */
    printf("最小值为%d\n",m);         /* 输出各元素中的最小值 */

    return 0;                         /* 返回值 0,返回操作系统 */
}
```

程序运行时屏幕输出如下:

最小值为 1

读者可将"(* p)[4]=a"替换为"(* p)[4]=&a[0]",将"m=p[i][j]"中的"p[i][j]"替
换为"* (* (a+i)+j)""* (* (p+i)+j)""* (a[i]+j)""* (p[i]+j)"和"a[i][j]",并上机测
试程序。

4. 通过指针数组来引用二维数组的元素

指针数组是数组元素的类型是指针类型的数组,只能用来存放地址值。其定义形式
如下:

类型名 * 数组名[数组长度]

例如:

```
int a[3][4]={{1,2,3,4},{5,6,7,8},{9,10,11,12}},*p[3];
for (i=0;i<3;i++)p[i]=a[i];
```

这样,p[0]、p[1]和p[2]分别指向了a数组的每一行。这时可以通过指针数组p来引用a数组元素。易知*(*(p+i)+j)、*(*(a+i)+j)、*(p[i]+j)、*(a[i]+j)、p[i][j]与a[i][j]等价。

例5.26　显示二维数组元素的值,程序演示见5261.mp4～5263.mp4。

```
/*文件路径名:e5_26\main.c*/
#include<stdio.h>                      /*标准输入输出头文件*/

int main(void)                         /*主函数main()*/
{
    int a[3][4]={{1,2,3,4},{5,6,7,8},{9,10,11,12}},*p[3];
                                       /*定义数组与指针数组*/
    int i,j;                           /*定义变量*/

    for (i=0;i<3;i++) p[i]=a[i];       /*使p[i]指向a的i行a[i]*/
    for (i=0;i<3;i++)
    {  /*行*/
        for (j=0;j<4;j++)              /*列*/
            printf("%6d",p[i][j]);     /*输出元素的值*/
        printf("\n");                  /*换行*/
    }

    return 0;                          /*返回值0,返回操作系统*/
}
```

程序运行时屏幕输出如下:

```
    1    2    3    4
    5    6    7    8
    9   10   11   12
```

可试将

```
printf("%6d",p[i][j]);
```

中的"p[i][j]"替换为"*(*(p+i)+j)""*(*(a+i)+j)""*(p[i]+j)""*(a[i]+j)"和a[i][j],并上机测试程序。

5. 二维数组作为函数参数

当以二维数组作为实参时,对应的形参必须是指针数组或二维数组。例如,若 a 是一个以

```
int a[M][N];                    /*M和N都是常量*/
```

定义的二维 int 型数组,假设 Fun()函数无返回值,则调用函数为 Fun(a)对应的 Fun()函数首部可以有以下 3 种形式:

```
void Fun(int (*p)[N]);
void Fun(int a[][N]);
void Fun(int a[M][N]);
```

说明:无论哪种形式,列数都不可缺少,C 编译系统都将 a 当成指向一维数组的指针变量。

例 5.27 求二维数组各元素的和,程序演示见 5271.mp4～5273.mp4。

```
/*文件路径名:e5_27\main.c*/
#include<stdio.h>                 /*标准输入输出头文件*/

#define M 3                       /*定义常量*/
#define N 4                       /*定义常量*/

int Sum(int (*a)[N])              /*求二维数组各元素的和*/
{
    int i,j,s=0;                  /*定义变量*/

    for (M=0;i<3;i++)             /*行*/
        for (N=0;j<4;j++)         /*列*/
            s=s+a[i][j];          /*累加求和*/

    return s;                     /*二维数组各元素的和*/
}

int main(void)                    /*主函数 main()*/
{
    int a[3][4]={{1,2,3,4},{5,6,7,8},{9,10,11,12}};              /*定义数组*/
    printf("和为%d\n",Sum(a));    /*输出二维数组 a 各元素的和*/

    return 0;                     /*返回值 0,返回操作系统*/
}
```

程序运行时屏幕输出如下:

和为 78

读者可将"int Sum(int（＊a）［N］)"替换为"int Sum(int a［］［N］)"与"int Sum(int a［M］［N］)"，并上机测试程序。

5.11　字符指针、字符数组和字符串

5.11.1　字符指针与字符数组的区别

用字符指针和字符数组都可以实现字符串的存储和运算。但是两者是有区别的。读者在使用时应注意以下几个问题。

（1）字符指针变量是一个变量，用于存放字符串的首地址。而字符串本身是存放在以该首地址为首的一块连续的内存空间中并以'\0'作为串的结束。字符数组是由若干字符数组元素组成的，当然也可以用来存放整个字符串，字符数组名是字符数组的起始地址，实际上是地址常量。

（2）对字符数组作初始化赋值，不能采用如下方式进行赋值：

```
char str[80];
str="Test character array assignment";
```

对于字符指针可采用如下方式进行赋值：

```
char * p;
p="Test string pointer assignment";
```

对于如下形式的赋初值都是可以的：

```
char * p="Test string pointer assignment";
char str[80]="Test character array assignment";
char str[80]={"Test character array assignment"};
```

（3）如定义了一个字符数组，在编译时已为其分配了存储空间，而定义一个指针变量时，只为指针变量分配了存储空间，在其中可存储一个字符变量的地址，但它并未指向一个确定的存储空间，例如对于字符数组如下操作是可以的：

```
char str[80];
scanf("%s",str);
```

而对于字符指针如下操作是错误的：

```
char * p;
scanf("%s",p);
```

这是因为定义字符指针 p 中，p 的值是不确定的，执行

```
scanf("%s",p);
```

将一个字符串存入 p 所指的存储空间中,这样的操作是非常危险的,当然,如下操作是正确的:

```
char * p;
char str[80];
p=str;
scanf("%s",p);
```

从上面几点可以看出字符指针变量与字符数组在使用时的区别,也可看出使用指针变量更加方便。当一个指针变量在未取得确定地址前使用是危险的,容易引起错误,但是对指针变量直接赋值是可以的。

5.11.2 字符指针数组和字符串数组

字符指针数组指元素都为字符指针的数组,一般字符指针数组的定义形式如下:

char * 数组名[数组长度]

字符指针数组比较适合于字符串数组,例如下面的字符串数组:

char * name[4]={"Heart","Diamond","Club","Spade"};

name[4]是一个含 4 个元素的数组,char * 表明每个元素都是指向 char 类型的指针,此数组中存放的 4 个值是

"Heart","Diamond","Club","Spade"

每个元素都是 char 类型的指针,也就是字符串,看起来这些字符串存放在 name 数组中,而实际上在 name 数组中存放的是指向字符串中 0 号字符的指针,并且尽管数组 name 的长度是固定的,但可访问的字符串的长度确是任意的,如图 5.12 所示。

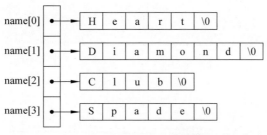

图 5.12　数组 name 示意图

当然可以将上面的字符串数组存放于一个二维数组中,但这样一来每行的长度是固定的,也就是列数要能容纳下最长字符串,这样会造成存储空间的浪费。

    *例 5.28　将字符串数组中的字符串按字母顺序升序输出,程序演示见 5281.mp4～5283.mp4。

本例实际上就是排序问题,可先排序,然后再输出。具体程序如下:

```c
/* 文件路径名:e5_28\main.c */
#include<stdio.h>                        /* 标准输入输出头文件 */
#include<string.h>                       /* 字符串头文件 */

void Sort(char * name[],int n);          /* 声明排序函数 */

int main(void)                           /* 主函数 main() */
{
    char * name[]={"Heart","Diamond","Club","Spade"};    /* 定义字符中数组 */
    int n=4,i;                           /* 定义变量 */

    Sort(name,n);                        /* 排序 */

    for (i=0;i<n;i++)
        printf("% s\n",name[i]);         /* 输出 name 中各字符串 */

    return 0;                            /* 返回值 0,返回操作系统 */
}

void Sort(char * name[],int n)           /* 对字符串数组进行排序 */
{
    int i,j;                             /* 定义整型变量 */
    char * tem;                          /* 定义临时变量 */

    for (i=0; i<n -1; i++)
    {   /* 第 i 趟排序 */
        for (j=i+1; j<n; j++)
        {   /* 比较 a[i]与 a[j] */
            if (strcmp(name[i],name[j])>0)   /* 如果 name[i]大于 name[j] */
            {                                /* 则交换 name[i]与 name[j] */
                tem=name[i];  name[i]=name[j]; name[j]=tem;    /* 循环赋值 */
            }
        }
    }
}
```

程序运行时屏幕输出如下:

Club
Diamond
Heart
Spade

5.12　实例研究：冒泡程序

冒泡排序的基本思路是，将序列中的第 1 个元素与第 2 个元素进行比较，如前者大于后者，则两个元素交换位置，否则不交换；再将第 2 个元素与第 3 个元素比较，若前者大于后者，两个元素交换位置，否则不交换；以此类推，直到第 $n-1$ 个元素与第 n 个元素比较，若前者大于后者，则两个元素交换位置，否则不交换。经过如此一趟排序，使得 n 个元素中最大者被安置在第 n 个位置上。此后，再对前 $n-1$ 个进行同样过程，使得该 $n-1$ 个元素的最大者被安置在整个序列的第 $n-1$ 个位置上；然后再对前 $n-2$ 个元素重复上述过程……直到前两个元素重复上述过程为止。

图 5.13 是对关键字序列 $(18,8,15,9,5,3,8,1)$ 进行冒泡排序的实例，从图中可以看出，在冒泡排序的过程中，关键字较小的元素像水中的气泡在逐趟向上飘浮，关键字较大的元素像石块一样向下沉，并且每一趟都有一块最大的"石块"沉到水底。

18	8	8	8	5	4	4	1
8	15	9	5	3	5	1	4
15	9	5	3	8	1	5	
9	5	3	8	1	8		
5	3	8	1	8			
3	8	1	9				
8	1	15					
1	18						
初始序列	第1趟结果	第2趟结果	第3趟结果	第4趟结果	第5趟结果	第6趟结果	第7趟结果

图 5.13　冒泡排序示意

程序演示见 5cs1.mp4～5cs3.mp4，具体算法及测试程序如下：

```
/* 文件路径名:bubble_sort\main.c */
#include<stdlib.h>                    /* 标准库头文件 */

void BubbleSort(int a[],int n)        /* 在数组 a 中用冒泡排序法进行排序 */
{
    int i,j,tem;                      /* 工作变量 */

    for (i=1; i <n; i++)
    {   /* 第 i 趟冒泡排序 */
        for (j=0; j <n -i; j++)
        {   /* 比较 a[j]与 a[j +1] */
```

```
            if (a[j]>a[j +1])                  /* 如出现逆序 */
            {                                   /* 则交换 elem[j]和 elem[j +1] */
                tem=a[j]; a[j]=a[j +1]; a[j +1]=tem;
            }
        }
    }
}

int main(void)                              /* 主函数 main() */
{
    int a[]={8,3,6,1,68,12};                /* 数组 */
    int n=6;                                /* 元素个数 */
    int i;                                  /* 工作变量 */

    printf("排序前:");
    for (i=0;i<n;i++)                       /* 输出数组 a */
        printf("%d",a[i]);
    printf("\n");                           /* 换行 */
    BubbleSort(a,n);                        /* 冒泡排序 */
    printf("排序后:");
    for (i=0;i<n;i++)                       /* 输出数组 a */
        printf("%d",a[i]);
    printf("\n");                           /* 换行 */

    return 0;                               /* 返回值 0,返回操作系统 */
}
```

程序运行时屏幕输出如下：

排序前:8 3 6 1 68 12
排序后:1 3 6 8 12 68

5.13　程序陷阱

使用数组所犯的大多数常见编程错误都是下标越界。假设 8 是整数数组 a[] 的元素个数。如下代码：

```
sum=0;
for (i=1;i<=8;i++)
    sum+=a[i];
```

这时将犯错误。这样的语句要访问 a[8] 中的值，但是在内存中那个地址处的值是无法预见的。

另一种常见的编程错误是串越界。例如：

```
char s[12];
strcpy(s,"Hello world!");
```

程序员仔细地数了要复制到 s 串中的字符个数,但忘记了为串结束符分配空间。

习 题 5

一、选择题

1. 以下叙述中错误的是_____。
   A. 对于 double 类型数组,不可以直接用数组名对数组进行整体输入或输出
   B. 数组名代表的是数组所占存储区的首地址,其值不可改变
   C. 在程序执行中,当数组元素的下标超出所定义的下标范围时,系统将给出"下标越界"的出错信息
   D. 可以通过赋初值的方式确定一维数组元素的个数

2. 有以下程序:

```
/*文件路径名:ex5_1_2\main.c*/
#include<stdio.h>                    /*标准输入输出头文件*/
int main(void)                       /*主函数 main()*/
{
    char s[]="abcde";                /*定义字符数组*/
    s+=2;                            /*s 自加 2*/
    printf("%d\n",s[0]);             /*输出 s[0]*/
    return 0;                        /*返回值 0,返回操作系统*/
}
```

执行后的结果是_____。
   A. 输出字符 a 的 ASCII 码   B. 输出字符 c 的 ASCII 码
   C. 输出字符 c   D. 程序出错

3. 有以下程序:

```
/*文件路径名:ex5_1_3\main.c*/
#include<stdio.h>                    /*标准输入输出头文件*/
int main(void)                       /*主函数 main()*/
{
    int a[10]={1,2,3,4,5,6,7,8,9,10},*p=&a[3],*q=p+2;   /*定义数组及变量*/
    printf("%d\n",*p+*q);            /*输出*p+*q 的值*/
    return 0;                        /*返回值 0,返回操作系统*/
}
```

程序运行后的输出结果是_____。
   A. 16   B. 10   C. 8   D. 6

4. 有以下程序：

```
/* 文件路径名:ex5_1_4\main.c */
#include<stdio.h>                              /* 标准输入输出头文件 */
void Sort(int a[],int n)                       /* 将 a 中元素从大到小进行排序 */
{
    int i,j,t;                                 /* 定义变量 */
    for (i=0;i<n-1;i++)
        for (j=i+1;j<n;j++)
            if (a[i]<a[j])
            { t=a[i];a[i]=a[j];a[j]=t; }
}
int main(void)                                 /* 主函数 main() */
{
    int a[10]={1,2,3,4,5,6,7,8,9,10},i;        /* 定义数组及变量 */
    Sort(a+2,5);
    for (i=0;i<10;i++)
        printf("%d,",a[i]);                    /* 输出 a[i] */
    printf("\n");                              /* 换行 */
    return 0;                                  /* 返回值 0,返回操作系统 */
}
```

程序运行后的输出结果是_____。

    A. 1,2,3,4,5,6,7,8,9,10   B. 1,2,7,6,3,4,5,8,9,10,

    C. 1,2,7,6,5,4,3,8,9,10   D. 1,2,9,8,7,6,5,4,3,10,

5. 以下数组定义中错误的是_____。

    A. int x[][3]={0};   B. int x[2][3]={{1,2},{3,4},{5,6}};

    C. int x[][3]={1,2,3},{4,5,6}};   D. int x[2][3]={1,2,3,4,5,6};

6. 有以下程序：

```
/* 文件路径名:ex5_1_6\main.c */
#include<stdio.h>                              /* 标准输入输出头文件 */
int main(void)                                 /* 主函数 main() */
{
    int i,t[][3]={9,8,7,6,5,4,3,2,1};          /* 定义变量及数组 */
    for (i=0;i<3;i++)
        printf("%d",t[2-i][i]);                /* 输出元素值 */
    printf("\n");                              /* 换行 */
    return 0;                                  /* 返回值 0,返回操作系统 */
}
```

程序执行后的输出结果是_____。

    A. 753   B. 357   C. 369   D. 751

7. 若有语句

```
char * line[5];
```

以下叙述中正确的是_____。

  A. 定义 line 是一个数组,每个数组元素是一个基类型为 char 的指针变量

  B. 定义 line 是一个指针变量,该变量可以指向一个长度为 5 的字符型数组

  C. 定义 line 是一个指针数组,语句中的 * 号称为取址运算符

  D. 定义 line 是一个指向字符型函数的指针

8. 有以下程序:

```
/* 文件路径名:ex5_1_8\main.c */
#include<stdio.h>                          /* 标准输入输出头文件 */
int main(void)                             /* 主函数 main() */
{
    int a[3][3], * p, i;                   /* 定义数组及变量 */
    p=&a[0][0];                            /* p 指向数组 a 的首元素 */
    for (i=0;i<9;i++)
        p[i]=i;                            /* 为 p[i]赋值 */
    for (i=0;i<3;i++)
        printf("%d",a[1][i]);              /* 输出 a[1][i] */
    printf("\n");                          /* 换行 */
    return 0;                              /* 返回值 0,返回操作系统 */
}
```

程序运行后的输出结果是_____。

  A. 0 1 2   B. 1 2 3   C. 2 3 4   D. 3 4 5

9. 若要求从键盘读入含有空格字符的字符串,应使用函数_____。

  A. puts()   B. gets()   C. getchar()   D. scanf()

10. 设已有定义

```
float x;
```

则以下对指针变量 p 进行定义且赋初值的语句中正确的是_____。

  A. float * p＝1024;   B. int * p＝(float)x;

  C. float p＝& x;   D. float * p＝& x;

11. 若有定义

```
short int a[]={10,20,30},*p=&a;
```

当执行

```
p++;
```

后,下列说法错误的是_____。

  A. p 向高地址移了 1 字节   B. p 向高地址移了一个存储单元

  C. p 向高地址移了 2 字节   D. p 与 a＋1 等价

12. 有以下程序:

```
/* 文件路径名:e5_1_12\main.c */
#include<stdio.h>                        /* 标准输入输出头文件 */
int main(void)                           /* 主函数 main() */
{
    int a=1,b=3,c=5;                     /* 定义变量 */
    int * p1=&a,*p2=&b,*p=&c;            /* 为指针变量赋值 */
    * p=*p1*(*p2);                       /* 修改 p2 指向的变量的值 */
    printf("%d\n",c);                    /* 输出 c */
    return 0;                            /* 返回值 0,返回操作系统 */
}
```

程序运行后的输出结果是_____。

    A. 1   B. 2   C. 3   D. 4

13. 已定义以下函数:

```
int f(int * p)
{   return * p;}
```

f()函数返回值是_____。

    A. 不确定的值   B. 一个整数

    C. 形参 p 中存放的值   D. 形参 p 的地址值

14. 已有定义"char a[]="xyz",b[]={'x','y','z'};",以下叙述中正确的是_____。

    A. 数组 a 和 b 的长度相同   B. a 数组长度小于 b 数组长度

    C. a 数组长度大于 b 数组长度   D. 上述说法都不对

15. 有以下程序:

```
/* 文件路径名:ex5_1_15\main.c */
#include<stdio.h>                        /* 标准输入输出头文件 */
int main(void)                           /* 主函数 main() */
{
    char ch[]="uvwxyz", * pc;            /* 定义字符数组与字符指针 */
    pc=ch;                               /* pc 指向字符数组 ch 的首字符 */
    printf("%c\n",*(pc+5));              /* 输出 *(pc+5) */
    return 0;                            /* 返回值 0,返回操作系统 */
}
```

程序运行后的输出结果是_____。

    A. z   B. 0   C. 元素 ch[5]地址   D. 字符 y 的地址

16. 有以下程序:

```
/* 文件路径名:ex5_1_16\main.c */
#include<stdio.h>                        /* 标准输入输出头文件 */
int main(void)                           /* 主函数 main() */
{
    char s[]="159", * p;                 /* 定义数组与指针 */
```

```
    p=s;                        /* p 指向 s 的首字符 */
    printf("%c",*p++);          /* 输出 * p++ */
    printf("%c\n",*p++);        /* 输出 * p++ */
    return 0;                   /* 返回值 0,返回操作系统 */
}
```

程序运行后的输出结果是_____。

　　A. 15　　　　　　B. 16　　　　　　　C. 12　　　　　　　　　D. 59

二、填空题

1. 设有定义语句

```
int a[][3]={{0},{1},{2}};
```

则数组元素 a[1][2]的值为_____。

2. 以下程序中,LineMax()函数的功能是求 3×4 的二维数组每行元素中的最大值,请填空。

```
/* 文件路径名:ex5_2_2\main.c */
#include<stdio.h>                  /* 标准输入输出头文件 */
void LineMax(int m,int n,int a[][4],int * bar)
{
    int i,j,x;                     /* 定义变量 */
    for (i=0;i<m;i++)
    {
        x=a[i][0];                 /* 第 i 行的首元素 */
        for (j=0;j<n;j++)
            if (x<a[i][j])         /* 如果 x 小于第 i 行的 j 号元素 a[i][j] */
                x=a[i][j];         /* 则将 a[i][j]赋给 x */
            _____=x;          /* x 为第 i 行的最大值 */
    }
}
int main(void)                     /* 主函数 main() */
{
    int a[3][4]={{12,41,36,28},{19,33,15,27},{3,27,19,1}},b[3],i;
    LineMax(3,4,a,b);              /* 调用 LineMax()函数求每行的最大值 */
    for (i=0;i<3;i++)
        printf("% 4d",b[i]);       /* 输出每行的最大值 */
    printf("\n");                  /* 换行 */
    return 0;                      /* 返回值 0,返回操作系统 */
}
```

3. 已知

```
int a=3;
```

则 a 的地址为 1001,&a＝_____。

4.以下程序的功能是用指针指向 3 个整型变量,并通过指针运算找出 3 个数中的最大值,输出到屏幕,请填空。

```
/*文件路径名:ex5_2_4\main.c*/
#pragma warning(disable:4996)                    /*禁止对代号为 4996 的警告*/
#include<stdio.h>                                 /*标准输入输出头文件*/
int main(void)                                    /*主函数 main()*/
{
    int x,y,z,max,*px=&x,*py=&y,*pz=&z,*pmax=&max;              /*定义变量*/
    scanf("%d%d%d",&x,&y,&z);                     /*输入 x、y、z*/
    _____;
    if(*pmax<*py)                                 /*如果*py 更大*/
        *pmax=*py;                                /*则将*py 赋给*pmax*/
    if(*pmax<*pz)                                 /*如果*pz 更大*/
        *pmax=*pz;                                /*则将*pz 赋给*pmax*/
    printf("max=%d\n",max);                       /*输出最大值*/
    return 0;                                     /*返回值 0,返回操作系统*/
}
```

5.以下程序的输出结果是_____。

```
/*文件路径名:ex5_2_5\main.c*/
#include<stdio.h>                                 /*标准输入输出头文件*/
#include<string.h>                                /*字符串头文件*/
int main(void)                                    /*主函数 main()*/
{
    printf("%d\n",strlen("IBM\n012\1\\"));        /*输出字符串的长度*/
    return 0;                                     /*返回值 0,返回操作系统*/
}
```

6.以下程序的输出结果是_____。

```
/*文件路径名:e5_2_6\main.c*/
#include<stdio.h>                                 /*标准输入输出头文件*/
#include<string.h>                                /*字符串头文件*/
int main(void)                                    /*主函数 main()*/
{
    char a[]={'\1','\2','\3','\4','\0'};          /*定义字符数组*/
    printf("%d,%d\n",sizeof(a),strlen(a));        /*输出字符串所占空间大小与长度*/
    return 0;                                     /*返回值 0,返回操作系统*/
}
```

三、编程题

1.求一个 4×4 的整型矩阵对角线元素的和。

2. 将一个数组中的值按逆序重新存放,例如,原来的顺序为 6、8、5、2、9。要求重排为 9、2、5、8、6。

3. 从键盘上输入 3 行文字,每行文字最多有 80 个字符,要求分别统计其中的英文大写字母、小写字母、数字、空格和其他字符的个数。

4. 编写一个程序,将字符数组 s2 中全部字符复制到字符数组 s1 中,要求不使用 strcpy()函数,在复制时,'\0'也要复制,'\0'后面的字符不再复制。

5. 编写一个程序,将两个字符串连接起来,要求不用 strcat()函数。

6. 编写一个程序,求字符串的长度,要求不使用 strlen()函数。

7. 编写一个函数,对含 n 个元素的整型数组 a 求最大值与最小值,并通过形参传回调用函数,并要求编写测试程序。

8. 编写一个函数,求二维整型数组所有元素的平方和,并要求编写测试程序。

*9. 编写程序,判断一个 5 位正整数是不是回文数,回文数是从左向右读与从右向左读都相同的数,例如 12321 就是回文数,要求先将 5 位数的各位数字取出用一个数组存储,然后对数组中的各元素进行判断。

第6章 用户定制数据类型及位运算

6.1 结 构

6.1.1 概述

在解决实际问题中,同一组数据可能具有不同的数据类型。例如,在学生信息中,姓名应为字符串,学号可为整型或字符串,年龄应为整型,性别可为字符数组,成绩可为整型或实型。显然不能用数组存放这样的一组数据,这是由于数组中各元素的类型和长度都必须一致,以便编译系统处理。为了解决这个问题,C 语言中给出了另一种构造数据类型——结构。它相当于其他高级语言中的记录。

结构是一种构造类型,它是由若干成员组成的。每个成员可以是一个基本数据类型,也可以是一个构造类型。既然结构是一种构造而成的数据类型,那么在说明和使用前就必须定义。

6.1.2 结构的定义

1. 结构类型的定义

定义一个结构类型的一般形式如下:

```
struct 结构类型名
{
    成员表
};
```

成员表由若干成员组成,每个成员都是该结构的一个组成部分。对每个成员也必须作类型声明,其形式如下:

```
类型说明符 成员名;
```

成员名的命名应符合标识符的书写规定,例如:

```
struct StudentType              /*定义结构类型*/
{
    int num;                    /*学号*/
```

```
    char *name;                     /*姓名*/
    char sex[3];                    /*性别*/
    float score;                    /*成绩*/
};
```

在上面的结构定义中,结构类型为 struct StudentType,此结构由 4 个成员组成,如图 6.1 所示。第 1 个成员为 num,整型变量;第 2 个成员为 name,字符指针变量;第 3 个成员为 sex,字符数组;第 4 个成员为 score,实型变量。注意,在"}"后的";"是不可少的。结构定义后,即可进行变量说明。凡说明为结构

图 6.1　结构类型 struct StudentType 示意

struct StudentType 的变量都由上述 4 个成员组成。结构是一种构造的数据类型,是数目固定,类型不同的若干有序变量的集合。

2. 结构类型变量的定义

前面已定义了结构类型,为能在程序中使用结构类型,还应当定义结构类型的变量,可采用如下 3 种方法定义结构类型变量,结构类型变量一般简称为结构变量。以上面定义的 struct StudentType 为例加以说明。

方法 1:先定义结构类型,再定义结构变量。这种定义一个结构变量的一般形式如下:

```
struct 结构类型名
{
    成员表列
};
struct 结构类型名 结构变量表;
```

上面结构变量表中不同结构变量之间用","隔开,例如:

```
struct StudentType                 /*定义结构类型*/
{
    int num;                       /*学号*/
    char * name;                   /*姓名*/
    char sex[3];                   /*性别*/
    float score;                   /*成绩*/
};

struct StudentType boy, girl;      /*定义结构变量*/
```

上面定义了两个变量 boy 和 girl 为 struct StudentType 结构类型。

方法 2:在定义结构类型的同时定义结构变量。这种定义一个结构变量的一般形式如下:

```
struct 结构类型名
{
    成员表
```

} 结构变量表;

例如：

```
struct StudentType                      /*定义结构类型*/
{
    int num;                            /*学号*/
    char *name;                         /*姓名*/
    char sex[3];                        /*性别*/
    float score;                        /*成绩*/
} boy, girl;                            /*定义结构变量*/
```

上面的定义与方法1相同，也定义了两个变量 boy 和 girl 为 struct StudentType 结构类型。

方法3：直接定义结构变量。这种定义一个结构变量的一般形式如下：

```
struct
{
    成员表
} 结构变量表;
```

例如：

```
struct
{
    int num;                            /*学号*/
    char * name;                        /*姓名*/
    char sex[3];                        /*性别*/
    float score;                        /*成绩*/
} boy, girl;                            /*定义结构变量*/
```

方法3与方法2的区别在于方法3中省去了结构类型名，而是直接给出结构变量。前面3种方法中定义的 boy、girl 变量都具有图6.1所示的结构。说明了 boy、girl 变量为 struct StudentType 类型后，就可以向这两个变量中的各个成员赋值。在上面 struct StudentType 结构类型定义中，所有的成员都是基本数据类型或数组类型。成员也可以又是一个结构，即构成了嵌套的结构类型。例如，图6.2给出了另一个数据结构。

| num | name | sex | birthday | | | score |
| | | | year | month | day | |

图6.2　嵌套的结构类型示意

按图6.2可给出以下结构定义：

```
struct DateType                         /*定义结构类型*/
{
    int year;                           /*年*/
    int month;                          /*月*/
```

```
    int day;                        /*日*/
};

struct StudentType                  /*定义结构类型*/
{
    int num;                        /*学号*/
    char * name;                    /*姓名*/
    char sex[3];                    /*性别*/
    struct DateType birthday;       /*生日*/
    float score;                    /*成绩*/
} boy, girl;                        /*定义结构类型变量*/
```

首先定义一个结构类型 struct DateType,由 year(年)、month(月)和 day(日)这 3 个成员组成。在定义变量 boy 和 girl 时,其中的成员 birthday 被声明为 struct DateType 结构类型。成员名可与程序中其他变量同名。

在 ANSI C 中除了允许具有相同类型的结构变量相互赋值以外,一般对结构变量的使用,包括赋值、输入、输出等都是通过结构变量的成员来实现的。

6.1.3　结构变量成员的引用

引用结构变量成员的一般形式如下:

结构变量名.成员名

例如,boy.num 为男孩(boy)的学号,girl.sex 为女孩(girl)的性别,如果成员本身又是一个结构类型,则必须逐级找到最低级的成员才能使用。例如,boy.birthday.month 为男孩(boy)的出生月份,结构变量的成员可以在程序中单独使用,与普通变量完全相同。

结构变量的赋值一般就是给各成员赋值。可用输入语句或赋值语句来完成,下面通过示例进行说明。

例 6.1　试编写为结构变量赋值并输出其值的程序,程序演示见 6011.mp4~6013.mp4。

```
/*文件路径名:e6_1\main.c*/
#pragma warning(disable:4996)       /*禁止对代号为 4996 的警告*/
#include<stdio.h>                    /*标准输入输出头文件*/
#include<string.h>                   /*字符串类*/

int main(void)                       /*主函数 main()*/
{
```

```
struct DateType                                        /* 定义结构类型 */
{
    int year;                                          /* 年 */
    int month;                                         /* 月 */
    int day;                                           /* 日 */
};

struct StudentType                                     /* 定义结构类型 */
{
    int num;                                           /* 学号 */
    char * name;                                       /* 姓名 */
    char sex[3];                                       /* 性别 */
    struct DateType birthday;                          /* 生日 */
    float score;                                       /* 成绩 */
};

struct StudentType student;                            /* 定义结构类型变量 */
/* 为结构变量 student 赋值 */
student.num=10101;                                     /* 为 num 赋值 */
student.name="刘杰明";                                 /* 为 name 赋值 */
strcpy(student.sex,"男");                              /* 为 sex 复制赋值 */
student.birthday.year=1968;                            /* 为 year 赋值 */
student.birthday.month=6;                              /* 为 month 赋值 */
student.birthday.day=18;                               /* 为 day 赋值 */
student.score=98.8;                                    /* 为 score 赋值 */

/* 输出结构变量 student */
printf("学号:%d\n",student.num);                       /* 输出 num */
printf("姓名:%s\n",student.name);                      /* 输出 name */
printf("性别:%s\n",student.sex);                       /* 输出 sex */
printf("生日:%d 年%d 月%d 日\n",                        /* 输出 birthday */
    student.birthday.year,student.birthday.month,student.birthday.day);
printf("成绩:%4.1f\n",student.score);                  /* 输出 score */

return 0;                                              /* 返回值 0,返回操作系统 */
}
```

程序运行时屏幕输出如下:

学号:10101
姓名:刘杰明
性别:男
生日:1968 年 6 月 18 日
成绩:98.8

上面程序中 sex 为一个字符数组，不能采用

```
student.sex="男";
```

这样的赋值语句进行直接赋值（读者可上机试一试），而应采用字符串函数 strcpy()进行复制赋值。

6.1.4 结构变量的初始化

结构变量也与其他变量一样，可以在定义的同时进行初始化，下面通过示例加以说明。

例 6.2 对结构变量初始化并输出结构变量，程序演示见 6021.mp4～6023.mp4。

```
/*文件路径名:e6_2\main.c*/
#include<stdio.h>                          /*标准输入输出头文件*/

int main(void)                             /*主函数 main()*/
{
    struct DateType                        /*定义结构类型*/
    {
        int year;                          /*年*/
        int month;                         /*月*/
        int day;                           /*日*/
    };

    struct StudentType                     /*定义结构类型*/
    {
        int num;                           /*学号*/
        char *name;                        /*姓名*/
        char sex[3];                       /*性别*/
        struct DateType birthday;          /*生日*/
        float score;                       /*成绩*/
    };

    struct StudentType student=
    {   /*定义结构类型变量并同时进行初始化*/
        10168,                             /*初始化 num*/
        "张杰伦",                          /*初始化 name*/
        "男",                              /*初始化 sex*/
        {1968,6,18},                       /*初始化 birthday*/
        98.9                               /*初始化 score*/
```

```
    };

    /* 输出结构变量 student */
    printf("学号:%d\n",student.num);              /* 输出 num */
    printf("姓名:%s\n",student.name);             /* 输出 name */
    printf("性别:%s\n",student.sex);              /* 输出 sex */
    printf("生日:%d 年%d 月%d 日\n",              /* 输出 birthday */
        student.birthday.year, student.birthday.month, student.birthday.day);
    printf("成绩:%4.1f\n", student.score);        /* 输出 score */

    return 0;                                     /* 返回值 0,返回操作系统 */
}
```

程序运行时屏幕输出如下:

```
学号:10168
姓名:张杰伦
性别:男
生日:1968 年 6 月 18 日
成绩:98.9
```

6.1.5　结构数组

数组元素也可以是结构类型,可以构成结构数组。结构数组的每一个元素都是具有相同结构类型的下标结构变量。在实际应用中,经常用结构数组来表示具有相同数据结构类型的一个群体。如一个班的学生信息、一个车间职工信息等。

1. 结构数组的定义

结构数组的定义方法和结构变量相似,只需定义它为数组类型即可。例如:

```
#define N 3

struct StudentType                 /* 定义结构类型 */
{
    int num;                       /* 学号 */
    char * name;                   /* 姓名 */
    char sex[3];                   /* 性别 */
    int age;                       /* 年龄 */
    float score;                   /* 成绩 */
};

struct StudentType student[N];     /* 定义结构数组 */
```

上面定义了数组 student,元素类型为 struct StudentType,数组共有 N 个元素,读者也可像定义结构类型变量一样进行直接定义。例如:

```
#define N 3

struct StudentType                      /*定义结构类型*/
{
    int num;                            /*学号*/
    char *name;                         /*姓名*/
    char sex[3];                        /*性别*/
    int age;                            /*年龄*/
    float score;                        /*成绩*/
} student[N];                           /*定义结构数组*/
```

或

```
#define N 3

struct
{
    int num;                            /*学号*/
    char *name;                         /*姓名*/
    char sex[3];                        /*性别*/
    int age;                            /*年龄*/
    float score;                        /*成绩*/
} student[N];                           /*定义结构数组*/
```

2. 结构数组的初始化

与其他类型的数组一样,对结构数组可以作初始化赋值,下面通过示例加以说明。

例 6.3　对结构数组初始化并输出结构数组,程序演示见 6031.mp4～6033.mp4。

```
/*文件路径名:e6_3\main.c*/
#include<stdio.h>                       /*标准输入输出头文件*/

#define N 3                             /*宏定义*/

int main(void)                          /*主函数main()*/
{
    int i;                              /*定义变量i*/

    struct StudentType                  /*定义结构类型*/
    {
        int num;                        /*学号*/
```

```
    char *name;                     /*姓名*/
    char sex[3];                    /*性别*/
    int age;                        /*年龄*/
    float score;                    /*成绩*/
};


struct StudentType student[N]=
{       /*定义结构数组并进行初始化*/
    {10101,"刘杰华","男",23,98.1},
    {10102,"张明靓","女",24,99.8},
    {10103,"张学冠","男",21,96.5}
};


/*输出结构数组 student*/
for (i=0; i<N; i++)
{       /*输出第 i+1 个学生信息*/
    printf("%8d",student[i].num);           /*输出 num*/
    printf("%12s",student[i].name);         /*输出 name*/
    printf("%6s",student[i].sex);           /*输出 sex*/
    printf("%6d",student[i].age);           /*输出 age*/
    printf("%8.1f\n",student[i].score);     /*输出 score*/
}


return 0;                                   /*返回值 0,返回操作系统*/
}
```

程序运行时屏幕输出如下:

```
10101    刘杰华    男    23    98.1
10102    张明靓    女    24    99.8
10103    张学冠    男    21    96.5
```

定义结构数组时,也可不指定元素个数,例如:

```
struct StudentType student[]=
{       /*定义结构数组并进行初始化*/
    {10101,"德华刘","男",42,98.1},
    {10102,"靓影张","女",22,99.8},
    {10103,"学友张","男",43,96.5}
};
```

在编译时,系统将根据初始结构型常量的个数自动地确定数组元素个数,当然也可采用如下直接定义结构数组并初始化的形式:

```
struct StudentType                          /*定义结构类型*/
{
    int num;                                /*学号*/
```

```c
    char * name;                            /*姓名*/
    char sex[3];                            /*性别*/
    int age;                                /*年龄*/
    float score;                            /*成绩*/
} student[]=
{    /*定义结构数组并进行初始化*/
        {10101,"德华刘","男",42,98.1},
        {10102,"靓影张","女",22,99.8},
        {10103,"学友张","男",43,96.5}
};
```

或

```c
struct
{
    int num;                                /*学号*/
    char * name;                            /*姓名*/
    char sex[3];                            /*性别*/
    int age;                                /*年龄*/
    float score;                            /*成绩*/
} student[]=
{    /*定义结构数组并进行初始化*/
    {10101,"德华刘","男",42,98.1},
    {10102,"靓影张","女",22,99.8},
    {10103,"学友张","男",43,96.5}
};
```

3. 结构数组实例

下面将举一个简单的说明性实例说明结构数组的使用方法。

例 6.4 建立同学通讯录,程序演示见 6041.mp4~6043.mp4。

```c
/*文件路径名:e6_4\main.c*/
#include<stdio.h>                           /*标准输入输出头文件*/

#define NUM 3                               /*宏定义*/

int main(void)                              /*主函数 main()*/
{
    struct MemberType                       /*定义结构类型*/
    {
```

```
        char name[20];                          /* 姓名 */
        char phone[16];                         /* 电话 */
    };
    struct MemberType member[NUM];              /* 定义结构数组 */

    int i;                                      /* 定义变量 */

    for (i=0; i<NUM; i++)
    {   /* 输入通讯录信息 */
        printf("输入第%d个人通讯录信息:\n", i+1);   /* 输入提示 */
        printf("输入姓名:");                     /* 输入提示 */
        gets(member[i].name);                   /* 输入姓名 */
        printf("输入电话号码:");                  /* 输入提示 */
        gets(member[i].phone);                  /* 输入电话 */
    }

    printf("\n姓名\t\t\t电话号码\n");              /* 输出提示 */
    for (i=0; i<NUM; i++)
        printf("%s\t\t\t%s\n",member[i].name,member[i].phone);
                                                /* 输出个人通讯录信息 */

    return 0;                                   /* 返回值 0,返回操作系统 */
}
```

程序运行时屏幕输出如下:

输入第 1 个人通讯录信息:
输入姓名:李明
输入电话号码:13561836530
输入第 2 个人通讯录信息:
输入姓名:王倩
输入电话号码:18980566818
输入第 3 个人通讯录信息:
输入姓名:吴杰
输入电话号码:18080198618

姓名	电话号码
李明	13561836530
王倩	18980566818
吴杰	18080198618

上面程序中定义了一个结构类型 struct MemberType,它有两个成员 name 和 phone 用来表示姓名和电话号码。member 为结构数组。在 for 语句中,用 gets()函数分别输入各元素中两个成员的值。然后又在 for 语句中用 printf()函数输出各元素中两个成员值。

6.1.6 指向结构变量的指针

1. 指向结构变量的指针

使用一个指针变量来指向一个结构变量时,这样的指针变量称为结构指针变量。结构指针变量中的值就是所指向的结构变量的首地址。可通过结构指针变量访问该结构变量,结构指针变量定义的一般形式如下:

```
struct 结构类型名 *结构指针变量名;
```

例如,在前面的例 6.1 定义了 struct StudentType 这个结构类型,如要定义一个指向 struct StudentType 变量的指针变量 p,可写为

```
struct StudentType * p;
```

也可在定义结构类型的同时定义 p,例如:

```
struct StudentType                    /*定义结构类型*/
{
    int num;                          /*学号*/
    char * name;                      /*姓名*/
    char sex[3];                      /*性别*/
    DateType birthday;                /*生日*/
    float score;                      /*成绩*/
} * p;
```

或

```
struct
{
    int num;                          /*学号*/
    char * name;                      /*姓名*/
    char sex[3];                      /*性别*/
    DateType birthday;                /*生日*/
    float score;                      /*成绩*/
} * p;
```

有了结构指针变量,就能通过结构指针变量访问结构变量的各成员。其访问的一般形式如下:

```
(*结构指针变量).成员名
```

或

```
结构指针变量->成员名
```

例如:

```
(*p).num
```

或

```
p->num
```

注意，∗p两侧的"("和")"不可少，这是由于成员符"."的优先级高于"∗"。如去掉"("和")"写作∗p.num则等效于∗(p.num)，意义完全不对。下面通过例子来说明结构指针变量的具体说明和使用方法。

例 6.5　指向结构变量的指针示例，程序演示见 6051.mp4～6053.mp4。

```
/ * 文件路径名:e6_5\main.c * /
#pragma warning(disable:4996)                   / * 禁止对代号为 4996 的警告 * /
#include<stdio.h>                               / * 标准输入输出头文件 * /
#include<string.h>                              / * 字符串类 * /

int main(void)                                  / * 主函数 main() * /
{
    struct DateType                             / * 定义结构类型 * /
    {
        int year;                               / * 年 * /
        int month;                              / * 月 * /
        int day;                                / * 日 * /
    };

    struct StudentType                          / * 定义结构类型 * /
    {
        int num;                                / * 学号 * /
        char * name;                            / * 姓名 * /
        char sex[3];                            / * 性别 * /
        struct DateType birthday;               / * 生日 * /
        float score;                            / * 成绩 * /
    };

    struct StudentType student;                 / * 定义结构类型变量 student * /
    struct StudentType * p;                     / * 结构指针变量 p * /

    p=&student;                                 / * 将 student 地址赋值给 p * /
    / * 为结构 ( * p) 赋值 * /
    ( * p).num=60101;                           / * 为 num 赋值 * /
    ( * p).name="刘德明";                        / * 为 name 赋值 * /
    strcpy(( * p).sex,"男");                     / * 为 sex 复制赋值 * /
```

```
(*p).birthday.year=1969;                        /*为 year 赋值*/
(*p).birthday.month=8;                           /*为 month 赋值*/
(*p).birthday.day=18;                            /*为 day 赋值*/
(*p).score=98.9;                                 /*为 score 赋值*/

/*输出学生信息*/
printf("学号:%d\n",p->num);                      /*输出 num*/
printf("姓名:%s\n",p->name);                     /*输出 name*/
printf("性别:%s\n",p->sex);                      /*输出 sex*/
printf("生日:%d年%d月%d日\n",                    /*输出 birthday*/
    p->birthday.year,p->birthday.month,p->birthday.day);
printf("成绩:%4.1f\n",p->score);                 /*输出 score*/

return 0;                                         /*返回值0,返回操作系统*/
}
```

程序运行时屏幕输出如下:

学号:60101
姓名:刘德明
性别:男
生日:1969 年 8 月 18 日
成绩:98.9

说明:在 C 语言中,p—>num 与(*p).num 等价,但前者更直观,建议多使用前者的形式。

2. 指向结构数组元素的指针

前面已介绍过可使用指向数组元素的指针,同样地,对于结构数组,也可用指针来指向结构数组元素,设 p 为指向结构数组元素的指针变量,如果 p 指向该结构数组的 0 号元素,则 $p+1$ 指向 1 号元素,$p+i$ 则指向 i 号元素。这与普通数组的情况是一致的。下面用示例加以说明。

例 6.6 用指针变量输出结构数组,程序演示见 6061.mp4～6063.mp4。

```
/*文件路径名:e6_6\main.c*/
#include<stdio.h>                                 /*标准输入输出头文件*/

#define N 3                                       /*宏定义*/

int main(void)                                    /*主函数 main()*/
```

```
{
    struct StudentType                      /*定义结构类型*/
    {
        int num;                            /*学号*/
        char * name;                        /*姓名*/
        char sex[3];                        /*性别*/
        int age;                            /*年龄*/
        float score;                        /*成绩*/
    };

    struct StudentType student[N]=
    {   /*定义结构数组并进行初始化*/
        {10101,"刘杰华","男",23,98.1},
        {10102,"张明靓","女",24,99.8},
        {10103,"张学冠","男",21,96.5}
    };

    struct StudentType * p;                 /*指向结构数组元素的指针*/

    /*输出结构数组 student*/
    for (p=student; p<student+N; p++)
    {   /*输出学生信息*/
        printf("%8d",p->num);               /*输出 num*/
        printf("%12s",p->name);             /*输出 name*/
        printf("%6s",p->sex);               /*输出 sex*/
        printf("%6d",p->age);               /*输出 age*/
        printf("%8.1f\n",p->score);         /*输出 score*/
    }

    return 0;                               /*返回值 0,返回操作系统*/
}
```

程序运行时屏幕输出如下:

```
10101      刘杰华      男      23      98.1
10102      张明靓      女      24      99.8
10103      张学冠      男      21      96.5
```

在上面程序中,定义了 struct StudentType 结构类型数组 student 并做了初始化赋值。p 为指向结构数组元素的指针。在循环语句 for 中,p 被赋予 student 的首地址,然后循环 3 次,输出 student 数组中各成员值。

6.2　联　　合

6.2.1　联合的概念

与结构类型一样,联合类型也是一种构造类型。在一个联合类型内可以声明多种不同的数据类型的成员,在一个被定义为该联合类型的变量中,各成员共享存储空间。

联合类型与结构类型有一些相似之处。但两者有本质上的不同。在结构类型中各成员有各自的内存空间,一个结构变量的总长度是各成员长度之和。而在联合类型中,各成员共享内存空间,一个联合变量的长度等于各成员中最长的长度。

6.2.2 联合类型的定义

定义一个联合类型的一般形式如下:

```
union 联合类型名
{
    成员表
};
```

成员表中含有若干成员,成员的一般形式如下:

```
类型说明符 成员名;
```

成员名的命名应符合标识符的规定。

例如:

```
union ClassOrOfficeType
{
    int clas;                               /* 班级 */
    char office[10];                        /* 教研室 */
};
```

上面定义了联合类型 union ClassOrOfficeType,它含有两个成员,一个为整型,成员名为 clas;另一个为字符数组,数组名为 office。联合定义之后,可进行联合变量定义,被定义为 union ClassOrOfficeType 类型的变量,可以存放整型量 clas 或存放字符数组 office。

6.2.3 联合变量的定义

联合变量的定义方式和结构变量的定义方式相同,可先定义联合类型再定义联合变量,也有 3 种定义方式,以 union ClassOrOfficeType 联合类型,u 联合变量为例,说明如下。

(1) 先定义联合类型,再定义联合变量。

```
union ClassOrOfficeType
{
    int clas;                               /* 班级 */
    char office[10];                        /* 教研室 */
};

union ClassOrOfficeType u;
```

（2）定义联合类型的同时定义联合变量。

```
union ClassOrOfficeType
{
    int clas;                               /* 班级 */
    char office[10];                        /* 教研室 */
} u;
```

（3）直接定义联合变量。

```
union
{
    int clas;                               /* 班级 */
    char office[10];                        /* 教研室 */
} u;
```

经定义后的 u 变量为 union ClassAndOfficeType 联合类型。它们的内存分配示意图如图 6.3 所示。u 变量的长度应等于 ClassAndOfficeType 的成员中最长的长度，即等于 office 数组的长度，共 10 字节。从图中可见，u 变量如赋予整型值时，只使用了 4 字节，而赋予字符数组时，可用 10 字节。

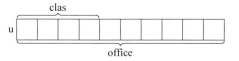

图 6.3　union ClassAndOfficeType 内存分配示意

6.2.4　联合变量的赋值和使用

不能对联合变量进行整体赋值，只能是对联合变量的成员进行赋值。联合变量的成员表示为

联合变量名.成员名

例如，u 被定义为 union ClassOrOfficeType 联合类型的变量之后，可对 u.clas 或 u.office 进行赋值。不允许对联合变量作初始化赋值，赋值只能在程序中进行。还要再强调说明的是，一个联合变量的值就是联合变量的某一个成员值。

例 6.7　设有一个教师与学生通用的表格，教师数据有姓名、年龄、身份、教研室 4 项。学生有姓名、年龄、身份、班级 4 项。编程输入人员数据，再以表格形式输出，程序演示见 6071.mp4～6073.mp4。

```
/* 文件路径名:e6_7\main.c */
#pragma warning(disable:4996)            /* 禁止对代号为 4996 的警告 */
#include<stdio.h>                        /* 标准输入输出头文件 */

#define N 3                              /* 宏定义 */

int main(void)                           /* 主函数 main() */
{
    struct
    {
        char name[10];                   /* 姓名 */
        int age;                         /* 年龄 */
        char identity;                   /* 身份:'t'代表教师,'s'代表学生 */
        union
        {
            int clas;                    /* 班级 */
            char office[10];             /* 教研室 */
        } classOrOffice;                 /* 班级与教研室 */
    } person[N];

    int i;                               /* 定义变量 */

    /* 输入个人信息 */
    for (i=0; i<N; i++)
    {   /* 输入第 i+1 个人信息 */
        printf("输入第%d个人的姓名,年龄,身份,班级或教研室\n",i+1);
        scanf("%s %d %c",person[i].name,&person[i].age,&person[i].identity);
                                         /* 输入信息 */
        if (person[i].identity=='s')
            scanf("%d",&person[i].classOrOffice.clas);  /* 身份为学生,应输入班级 */
        else
            scanf("%s",person[i].classOrOffice.office);
                                         /* 身份为教师,应输入教研室 */
    }

    /* 输出个人信息 */
    printf("\n姓名\t年龄\t身份\t班级/教研室\n");        /* 输出提示 */
    for (i=0; i<N; i++)
    {   /* 输出第 i+1 个人的信息 */
        if (person[i].identity=='s')
            printf("%s\t%3d\t%3c\t%d\n",person[i].name,person[i].age,
                person[i].identity,person[i].classOrOffice.clas);
                                         /* 输出学生信息 */
        else
```

```
        printf("%s\t%3d\t%3c\t%s\n",person[i].name,person[i].age,
            person[i].identity,person[i].classOrOffice.office);
                                            /* 输出教师信息 */
    }

    return 0;                               /* 返回值 0,返回操作系统 */
}
```

程序运行时屏幕输出如下:

输入第 1 个人的姓名,年龄,身份,班级或教研室
张倩 23 s 200801
输入第 2 个人的姓名,年龄,身份,班级或教研室
王杰明 56 t 计算机
输入第 3 个人的姓名,年龄,身份,班级或教研室
吴伟 22 s 200802

姓名	年龄	身份	班级/教研室
张倩	23	s	200801
王杰明	56	t	计算机
吴伟	22	s	200802

本例程序用一个结构数组 person 来存放个人信息,该结构共有 4 个成员,其中成员项 classOrOffice 是一个联合类型成员,这个联合又由两个成员组成,一个为整型量 clas,另一个为字符数组 office。在程序的第一个 for 语句中,输入人员的各项数据,先输入结构的前 3 个成员 name、age 和 identity,然后判别 identity 成员项,如为's'则输入 classOrOffice.clas(对学生输入班级编号),否则输入 classOrOffice.office(对教师输入教研组名)。

6.3　枚　举　类　型

在实际问题中,有些变量的取值被限定在一个有限的范围内。例如,一个星期有 7 天,一年有 12 个月,一个班每周有 8 门课程,等等。为此,C 语言提供了一种所谓的枚举类型。在枚举类型的定义中列举出所有可能的取值,被说明为该枚举类型的变量取值不能超过定义的范围。应该说明的是,枚举类型是一种基本数据类型,而不是一种构造类型,因为它不能再分解为任何基本类型。

枚举类型的定义和枚举变量的定义说明如下。

1. 枚举类型的定义

枚举类型定义的一般形式如下:

```
enum 枚举类型名
{
    枚举值表
};
```

在枚举值表中应罗列出所有可用值。这些值也称为枚举元素。

例如：

```
enum WeekdayType
{
    sun,mou,tue,wed,thu,fri,sat
};
```

定义了枚举类型 enum WeekdayType，枚举值共有 7 个，即一周中的 7 天。凡被定义为 enum WeekdayType 类型变量的取值只能是 7 天中的某一天。

2. 枚举变量的定义

如同结构类型和联合类型一样，枚举变量也可用不同的方式加以定义，设有变量 today、yesterday、tomorrow、weekday 被定义为上述的 enum WeekdayType，下面举例加以说明。

（1）先定义枚举类型，再定义枚举变量：

```
enum WeekdayType
{
    sun,mou,tue,wed,thu,fri,sat
};
enum WeekdayType today, yesterday, tomorrow, weekday
```

（2）同时定义枚举类型与枚举变量：

```
enum WeekdayType
{
    sun,mou,tue,wed,thu,fri,sat
}today, yesterday, tomorrow, weekday;
```

（3）直接定义枚举变量：

```
enum
{
    sun,mou,tue,wed,thu,fri,sat
}today, yesterday, tomorrow, weekday;
```

3. 枚举类型变量的使用

枚举类型在使用中有以下规定。

（1）枚举值是常量，不是变量。不能在程序中用赋值语句再对它赋值。例如对枚举 enum WeekdayType 的元素赋值：

```
sun=5;
mon=2;
sun=mon;
```

都是错误的。

（2）枚举元素本身由系统定义了一个表示序号的数值,默认为从 0 开始,顺序定义为 0、1、2……例如在 enum WeekdayType 中,sun 值为 0,mon 值为 1,…,sat 值为 6。

例 6.8　枚举元素值示例,程序演示见 6081.mp4～6083.mp4。

```
/* 文件路径名:e6_8\main.c */
#include<stdio.h>                              /* 标准输入输出头文件 */

int main(void)                                 /* 主函数 main() */
{
    enum WeekdayType { sun,mon,tue,wed,thu,fri,sat };   /* 定义枚举类型 */
    enum WeekdayType weekday;                   /* 定义枚举变量 */

    weekday=sun;                               /* 将 sun 赋值给 weekday */
    printf("%6d\n",weekday);                   /* 输出 sum 值 */
    weekday=mon;                               /* 将 mon 赋值给 weekday */
    printf("%6d\n",weekday);                   /* 输出 mon 值 */
    weekday=tue;                               /* 将 tue 赋值给 weekday */
    printf("%6d\n",weekday);                   /* 输出 tue 值 */
    weekday=wed;                               /* 将 wed 赋值给 weekday */
    printf("%6d\n",weekday);                   /* 输出 wed 值 */

    return 0;                                  /* 返回值 0,返回操作系统 */
}
```

程序运行时屏幕输出如下:

```
0
1
2
3
```

要使用枚举值 1～7,可使用如下方式定义:

```
enum WeekdayType { sun=1,mon,tue,wed,thu,fri,sat };            /* 定义枚举类型 */
```

（3）能将枚举值赋予枚举变量,也能将元素的数值直接赋予枚举变量,或将数值强制类型转换成枚举类型再赋值给枚举变量。例如:

```
weekday=sun;
weekday=0;
weekday=(enum WeekdayType )0;
```

都是正确的。

应该说明的是，枚举元素是标识符，而不是字符常量也不是字符串常量，使用时不要加"'"或""""。

例 6.9 在口袋中装有红、黄、蓝和白 4 种颜色的小球若干，每次从口袋中先后取出 3 个小球，试编程输出在得到的 3 种不同色的球的可能取法的排列情况，程序演示见 6091 .mp4～6093.mp4。

用枚举类型来表示不同的颜色，用 count 对不同色球的排列进行计数，具体程序如下：

```
/* 文件路径名:e6_9\main.c */
#include<stdio.h>                              /* 标准输入输出头文件 */

enum ColorType { red,yellow,blue,white };      /* 定义颜色枚举类型 */

void PrintColor(enum ColorType color)          /* 显示颜色 color */
{
    switch (color)
    {
        case red:                              /* 显示红色 */
            printf("%-10s","red");
            break;
        case yellow:                           /* 显示黄色 */
            printf("%-10s","yellow");
            break;
        case blue:                             /* 显示蓝色 */
            printf("%-10s","blue");
            break;
        case white:                            /* 显示白色 */
            printf("%-10s","white");
            break;
    }
}

int main(void)                                 /* 主函数 main() */
{
    int i, j, k, count=0;                      /* 定义变量 */
    enum ColorType iColor,jColor,kColor;       /* 定义变量 */
```

```
    for (i=0; i<4; i++)
    {
        iColor=(enum ColorType)i;                    /*强制转换成枚举类型*/
        for (j=0; j<4; j++)
        {
            jColor=(enum ColorType)j;                /*强制转换成枚举类型*/
            if (iColor !=jColor)
            {   /*不是相同的颜色*/
                for (k=0; k<4; k++)
                {
                    kColor=(enum ColorType)k;        /*强制转换成枚举类型*/
                    if (kColor!=iColor&&kColor!=jColor)
                    {   /*输出颜色的一种排列*/
                        printf("%-6d",++count);      /*%-6d 表宽度为 6,左对齐*/
                        PrintColor(iColor);          /*输出颜色*/
                        PrintColor(jColor);          /*输出颜色*/
                        PrintColor(kColor);          /*输出颜色*/
                        printf("\n");                /*换行*/
                    }
                }
            }
        }
    }

    return 0;                                         /*返回值 0,返回操作系统*/
}
```

程序运行时屏幕输出如下：

```
1    red     yellow    blue
2    red     yellow    white
3    red     blue      yellow
4    red     blue      white
5    red     white     yellow
6    red     white     blue
7    yellow  red       blue
8    yellow  red       white
9    yellow  blue      red
10   yellow  blue      white
11   yellow  white     red
12   yellow  white     blue
13   blue    red       yellow
14   blue    red       white
15   blue    yellow    red
16   blue    yellow    white
```

```
17    blue     white      red
18    blue     white      yellow
19    white    red        yellow
20    white    red        blue
21    white    yellow     red
22    white    yellow     blue
23    white    blue       red
24    white    blue       yellow
```

6.4 类型定义：typedef

除了可以直接使用 C 语言提供的标准类型名（如 int、char、float、double 等）以及用户定制数据类型（如结构类型、联合类型、指针类型、枚举类型等）外，还可使用 typedef 定义新的类型名来代替已有的类型名。

typedef 的一般形式如下：

typedef 原类型名 新类型名;

例如，在一个程序中，如果一个整型变量用来计数，可将整型 int 定义为 CountType，例如：

CountType i;

定义 CountType 类型的变量 i，其意义更加明确，可读性更强。

可以定义结构类型名如下：

```
typedef struct
{
    int num;                     /* 学号 */
    char *name;                  /* 姓名 */
    char sex[3];                 /* 性别 */
    int age;                     /* 年龄 */
    float score;                 /* 成绩 */
} StudentType;
```

这时可用新定义的类型名 StudentType 代替上面的结构类型，可以进行如下的变量定义：

```
StudentType person;              /* person 为结构变量 */
StudentType * p;                 /* p 为指向结构类型的指针 */
```

可用 typedef 来定义数组，例如如下的数组定义：

int a[N],b[N],c[N],d[N],e[N],f[N],g[N],h[N];

这些数组都是一维数组，元素个数都相同，可以先为数组定义一个新类型名：

```
typedef int ArrayType[N];
```

然后再用 ArrayType 去定义数组变量：

```
ArrayType a,b,c,d,e,f,g,h;
```

使用 typedef 有利于程序的移植，例如在有的计算机系统中，int 型数据占用 2 个字节，而在有另外一些计算机系统中确占用 4 字节，如果将一个 C 程序从一个以 2 字节存放的 int 型数据的计算机系统移植到以 4 字节存放 int 型数据的计算机系统，一般的方法是将程序中的所有 int 都改为 short，例如将

```
int i,j,k;
```

改为

```
short i,j,k;
```

实际上可用 INTEGER 来声明 int：

```
typedef int INTEGER;
```

在程序中所有 int 型变量都用 INTEGER 来定义，在移植时只需改动 typedef 声明即可：

```
typedef short INTEGER;
```

例 6.10 类型定义 typedef 示例，程序演示见 6101.mp4～6103.mp4。

```
/*文件路径名:e6_10\main.c*/
#include<stdio.h>                  /*标准输入输出头文件*/

typedef int INTEGER;              /*类型定义*/

int main(void)                    /*主函数 main()*/
{
    INTEGER i=8;                  /*定义变量*/
    printf("i=%d\n",i);           /*输出 i*/

    return 0;                     /*返回值 0,返回操作系统*/
}
```

程序运行时屏幕输出如下：

```
i=8
```

6.5 位 运 算 符

前面介绍的各种运算都是以字节为最基本单位进行的。但很多系统程序中常要求在位(bit)一级进行运算或处理。C语言为此提供了位运算的功能,这使得C语言也能像汇编语言一样用来编写系统程序。

C语言提供了6种位运算符,如表6.1所示。

表 6.1 位运算符及其意义

位 运 算 符	意 义	位 运 算 符	意 义
&	按位进行与运算	~	按位进行取反运算
|	按位进行或运算	<<	按位进行左移
^	按位进行异或运算	>>	按位进行右移

注意:只有"~"是一元运算符(只需一个操作数),其他都是二元运算符(需两个操作数),位运算符的操作数只能是整型或字符型,不能是其他类型的数据。

6.5.1 位运算符介绍

1. 按位与运算(&)

按位与运算符(&)是双目运算符。功能是参与运算的两个操作数各对应的二进位相与。只有对应的两个二进位均为1时,结果位才为1,否则为0,也就是

```
0&0=0
1&0=0
0&1=0
1&1=1
```

例6.11 计算9&5,程序演示见6111.mp4~6113.mp4。

可写算式如下:0000000000001001 & 0000000000000101,具体运算如下:

```
    0000000000001001    (9)
&   0000000000000101    (5)
    ────────────────
    0000000000000001    (1)
```

可知0000000000001001 & 0000000000000101=0000000000000001,也就是9&5=1。上面运算的测试程序如下:

```
/*文件路径名:e6_11\main.c*/
```

```
#include<stdio.h>                              /* 标准输入输出头文件 */

int main(void)                                 /* 主函数 main() */
{
    short a=9,b=5,c;                           /* 定义变量 */

    c=a&b;                                     /* 计算 9 & 5 */
    printf("%hd&%hd=%hd\n",a,b,c);             /* 显示计算结果 */

    return 0;                                  /* 返回值 0,返回操作系统 */
}
```

程序运行时屏幕输出如下：

9&5=1

说明：按位与运算通常用来对某些位清 0 或保留某些位,例如将 a 的高 8 位清 0,只保留低 8 位。可作 a&255 运算(255 的二进制数为 11111111)。

2. 按位或运算(|)

按位或运算符(|)是双目运算符。功能是将参与运算的两个操作数各对应的二进位相或。只要对应的两个二进位有一个为 1 时,结果位就为 1,否则结果为 0,也就是

$$0 \mid 0 = 0$$
$$1 \mid 0 = 1$$
$$0 \mid 1 = 1$$
$$1 \mid 1 = 1$$

例 6.12 计算 9|5,程序演示见 6121.mp4～6123.mp4。

可写算式如下：0000000000001001|0000000000000101,具体运算如下：

```
          0000000000001001   （9）
    |     0000000000000101   （5）
          ────────────────
          0000000000001101   （13）
```

可知 0000000000001001|0000000000000101＝0000000000001101,也就是 9|5＝13。
上面运算的测试程序如下：

```
/* 文件路径名:e6_12\main.c */
#include<stdio.h>                              /* 标准输入输出头文件 */

int main(void)                                 /* 主函数 main() */
{
```

```
    short a=9,b=5,c;                    /* 定义变量 */

    c=a|b;                              /* 计算 9|5 */
    printf("%hd|%hd=%hd\n",a,b,c);      /* 显示计算结果 */

    return 0;                           /* 返回值 0,返回操作系统 */
}
```

程序运行时屏幕输出如下:

9|5=13

3. 按位异或运算(^)

按位异或运算符(^)是双目运算符。功能是参与运算的两个操作数各对应的二进位相异或,当两对应的二进位相异时,结果为 1,否则结果为 0,也就是

0^0=0
1^0=1
0^1=1
1^1=0

例 6.13　计算 9^5,程序演示见 6131.mp4~6133.mp4。

可写算式如下:0000000000001001^0000000000000101,具体运算如下:

```
              0000000000001001   (9)
         ^    0000000000000101   (5)
              0000000000001100   (12)
```

可知 0000000000001001^0000000000000101＝0000000000001100,也就是 9^5＝12。
上面运算的测试程序如下:

```
/* 文件路径名:e6_13\main.c */
#include<stdio.h>                       /* 标准输入输出头文件 */

int main(void)                          /* 主函数 main() */
{
    short a=9,b=5,c;                    /* 定义变量 */

    c=a^b;                              /* 计算 9^5 */
    printf("%hd^%hd=%hd\n",a,b,c);      /* 显示计算结果 */
```

```
        return 0;                        /* 返回值 0,返回操作系统 */
}
```

程序运行时屏幕输出如下:

```
9^5=12
```

4. 取反运算(～)

取反运算符(～)为单目运算符,功能是对参与运算的操作数的各二进位按位取反。

例 6.14　计算～9,程序演示见 6141.mp4～6143.mp4。

计算～9 的算式如下:

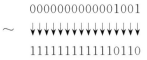

$$\sim \quad \begin{matrix} 0000000000001001 \\ \downarrow\downarrow\downarrow\downarrow\downarrow\downarrow\downarrow\downarrow\downarrow\downarrow\downarrow\downarrow\downarrow\downarrow\downarrow\downarrow \\ 1111111111110110 \end{matrix}$$

即～(0000000000001001)结果为 1111111111110110,由于计算机内部以补码表示一个数,由补码求原码的规则如下。

(1) 正数的原码与补码相同。

(2) 负数的原码是除符号位外,补码各位取反,再加 1。

由此可知,1111111111110110 的原码为

```
1000000000001010
```

其中,最高位是符号位,1 表示负数,0 表示正数,可知 1000000000001010 为十进制数的－10,具体测试程序如下:

```
/* 文件路径名:e6_14\main.c */
#include<stdio.h>                        /* 标准输入输出头文件 */

int main(void)                           /* 主函数 main() */
{
    short a=9,b;                         /* 定义变量 */

    b=~a;                                /* 计算~9 */
    printf("~%hd=%hd\n",a,b);            /* 显示计算结果 */

    return 0;                            /* 返回值 0,返回操作系统 */
}
```

程序运行时屏幕输出如下:

~9=-10

5. 左移运算(<<)

左移运算符(<<)是双目运算符。功能是将"<<"左边的操作数的各二进位全部左移若干位,由"<<"右边的操作数用于指定移动的位数,高位丢弃,低位补 0。

例 6.15 设 a=3,计算 a<<4,程序演示见 6151.mp4~6153.mp4。

a 的 二 进 制 可 表 示 为 0000000000000011, 将 0000000000000011 左移 4 位后为 0000000000110000(十进制数 48)。测试程序如下:

```
/*文件路径名:e6_15\main.c*/
#include<stdio.h>                    /*标准输入输出头文件*/
#include<stdlib.h>                   /*包含库函数system()所需要的信息*/

int main(void)                       /*主函数main()*/
{
    short a=3,b=4,c;                 /*定义变量*/

    c=a<<b;                          /*计算3<<4*/
    printf("%hd<<%hd=%hd\n",a,b,c);  /*显示计算结果*/

    return 0;                        /*返回值0,返回操作系统*/
}
```

程序运行时屏幕输出如下:

3<<4=48

6. 右移运算(>>)

右移运算符(>>)是双目运算符。功能是将">>"左边的操作数的各二进位全部右移若干位,">>"右边的操作数用于指定移动的位数,应该说明的是,对于有符号数,在右移时,符号位将随同移动。当为正数时,最高位补 0,而为负数时,符号位为 1,最高位是补 0 或是补 1 取决于编译系统的规定。Visual C 和很多系统规定为补 1。

例 6.16 设 a=15,计算 a>>2,程序演示见 6161.mp4~6163.mp4。

a 的二进制可表示为 0000000000001111,表示把 0000000000001111 右移 2 位变为 0000000000000011(十进制数 3)。测试程序如下:

```c
/* 文件路径名:e6_16\main.c */
#include<stdio.h>                    /* 标准输入输出头文件 */

int main(void)                       /* 主函数 main() */
{
    short a=15,b=2,c;                /* 定义变量 */

    c=a>>b;                          /* 计算 15>>2 */
    printf("%hd>>%hd=%hd\n",a,b,c);  /* 显示计算结果 */

    return 0;                        /* 返回值 0,返回操作系统 */
}
```

程序运行时屏幕输出如下:

```
15>>2=3
```

*6.5.2　位运算综合举例

例 6.17　输入一个无符号长整数 a,取出从右端开始的 5～8 位。

可按如下的操作实现。

(1) 可先将 a 右移 5 位,如图 6.4 所示。

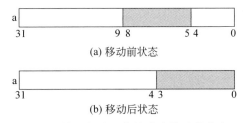

(a) 移动前状态

(b) 移动后状态

图 6.4　将 a 右移 5 位的移动前后的状态

右移 5 位可用下面的方法实现:

```
a>>5
```

(2) 设置一个低 4 位全为 1,其余各位全为 0 的数,可用如下方法实现:

```
~(~0<<4)
```

～0 的结果是将二进位全变为 1,～0<<4 的结果是右端低 4 位为 0,～(～0<<4)可得到一个低 4 位全为 1,其余各位全为 0 的数。

(3) 将(1)和(2)所得算式进行 & 运算,可实现将低 4 位保留下来。

(a>>5) & (~(~0<<4))

程序演示见 6171.mp4～6173.mp4，具体程序如下：

```
/*文件路径名:e6_17\main.c*/
#pragma warning(disable:4996)            /*禁止对代号为 4996 的警告*/
#include<stdio.h>                        /*标准输入输出头文件*/

int main(void)                           /*主函数 main()*/
{
    unsigned long a,b,c,d;               /*定义变量*/

    printf("用十六进制数输入 a:");        /*输入提示*/
    scanf("%lx",&a);                     /*输入 a*/

    b=a>>5;                              /*将 a 右移 5 位*/
    c=~(~0<<4);                          /*设置一个低 4 位全为 1,其余各位全为 0*/
    d=b&c;                               /*保留低 4 位*/
    printf("a:%lx,%lu\nd:%lx,%lu\n",a,a,d,d);   /*输出结果*/

    return 0;                           /*返回值 0,返回操作系统*/
}
```

程序运行时屏幕输出如下：

```
用十六进制数输入 a:d9
a:d9,217
d:6,6
```

d9 的二进制表示为 00000000000000000000000011011001，取出从右端开始的 5～8 位为 0110，也就是十进制数的 6。

说明：按上面同样思想能得到对一个无符号整数 a，取出任意指定的左边开始的第 m 位到第 n 位，其中需将程序中的"b=a>>5"换为"b=a>>m"，将"c=~(~0<<4)"改为"c=~(~0<<(n−m+1))"即可实现。

*例 6.18　试编程实现以二进制形式显示无符号整数。

按位与运算通常与一个称为屏蔽字(mask)的操作数一起进行操作，当屏蔽字某位设置为 1 时，用来选择某位，如为 0，则用来隐藏某位，设字长为 n 位，下面的程序中，displayMask 设置为 1<<(n−1)，左移运算符将 displayMask 的最左位为 1，其他位为 0，这样语句

```
putchar(value&displayMask? '1':'0');
```

可显示 value 的最高位,要显示次高位,可作运算 displayMask>>1 使 displayMask 的次高位为 1,其他各位都为 0,再执行语句:

```
putchar(value&displayMask? '1':'0');
```

可显示 value 的次高位,按同样的道理可显示其他各位,程序演示见 6181.mp4~6183.mp4,具体程序如下:

```c
/*文件路径名:e6_18\main.c*/
#pragma warning(disable:4996)              /*禁止对代号为 4996 的警告*/
#include<stdio.h>                          /*标准输入输出头文件*/
#include<ctype.h>                          /*字符头文件*/

void DisplayBits(unsigned value)           /*以二进制形式显示 value*/
{
    unsigned displayMask;                  /*屏蔽字*/
    unsigned n;                            /*字长*/
    unsigned i;                            /*循环控制变量*/

    n=sizeof(unsigned)*8;                  /*计算字长*/
    displayMask=1<<(n-1);                  /*displayMask 最左位为 1,其他各位为 0*/

    for (i=0; i<n; i++)
    {   /*从左到右依次显示 value 的各位*/
        putchar(value & displayMask?'1':'0');   /*显示二进制的一位*/
        displayMask=displayMask>>1;  /*使 displayMask 下一位为 1,其他各位为 0*/
    }
}

int main(void)                             /*主函数 main()*/
{
    unsigned value;                        /*定义变量*/
    char select;                           /*定义变量*/

    do
    {
        printf("输入无符号整数:");          /*输入提示*/
        scanf("%u",&value);                /*输入 value*/
```

```
        printf("二进制显示:");                    /* 输出提示 */
        DisplayBits(value);                      /* 以二进制形式显示 value */

        printf("\n 是否继续(Y/N)?");
        do
        {
            select=getchar();                    /* 输入选择 */
            select=tolower(select);              /* 将 select 转换为小写字母 */
        }
        while (select!='y'&&select!='n');
    }
    while (select=='y');

    return 0;                                    /* 返回值 0,返回操作系统 */
}
```

程序运行时屏幕输出如下：

输入无符号整数:65535
二进制显示:00000000000000001111111111111111
是否继续(Y/N)? y
输入无符号整数:19
二进制显示:00000000000000000000000000010011
是否继续(Y/N)? n

提示：对于位运算符操作,使用二进制形式显示更加直观,建议读者将位运算符的所有例题都改写为使用二进制形式加以显示。

*6.6 位 段 结 构

有些信息并不需要占用一个完整的存储单元,而只需占一个或几个二进制位。例如在存放一个开关量时,只有 0 和 1 两种状态,用一位二进位即可。为节省存储空间并使处理简便,C 语言提供了位段结构,位段结构简称为位段。位段是把一个存储单元中的二进位划分为几个不同的区段,并说明每个区段的位数。

6.6.1 位段结构的定义和位段结构变量的定义

位段定义与结构定义相仿,其形式如下：

```
struct 位段结构名
{
    成员表
};
```

其中,成员表中的成员的形式如下:

类型说明符 成员名:长度;

例如:

```
struct Date                           /* 定义日期位段结构类型 */
{
    unsigned int year:23;             /* 年,占 23 位 */
    unsigned int month:4;             /* 月,占 4 位 */
    unsigned int day:5;               /* 日,占 5 位 */
};
```

位段结构变量的定义与结构变量定义的方式相同。可采用如下方式进行定义:
(1) 先定义位段结构类型,再定义位段结构变量。

```
struct Date                           /* 定义日期位段结构类型 */
{
    unsigned int year:23;             /* 年,占 23 位 */
    unsigned int month:4;             /* 月,占 4 位 */
    unsigned int day:5;               /* 日,占 5 位 */
};

struct Date d;                        /* 定义日期位段结构变量 d */
```

(2) 在定义位段结构类型的同时定义位段结构变量。

```
struct Date                           /* 定义日期位段结构类型 */
{
    unsigned int year:23;             /* 年,占 23 位 */
    unsigned int month:4;             /* 月,占 4 位 */
    unsigned int day:5;               /* 日,占 5 位 */
} d;                                  /* 定义日期位段结构变量 d */
```

(3) 直接定义位段结构变量。

```
struct                                /* 位段结构类型 */
{
    unsigned int year:23;             /* 年,占 23 位 */
    unsigned int month:4;             /* 月,占 4 位 */
    unsigned int day:5;               /* 日,占 5 位 */
} d;                                  /* 定义位段结构变量 d */
```

说明:

① 上面位段结构变量 d 为 struct Date 变量,共占 4 字节。其中成员 year 占 23 位,成员 month 占 4 位,成员 day 占 5 位。

② 位段结构在本质上是一种结构类型,只不过其成员是按二进位分配的。

③ 位段结构成员必须是字符类型或整数类型。

6.6.2 位段成员的使用

位段成员的使用和结构成员的使用相同,其一般形式如下:

位段变量名.成员名

下面是一个使用位段成员的实例。

例6.19 定义日期位段结构类型 struct Date,测试 struct Date 所占字节数以及日期位段结构类型的位段成员的使用方法。

程序演示见 6191.mp4～6193.mp4,具体程序如下:

```c
/* 文件路径名:e6_19\main.c */
#include<stdio.h>                      /* 标准输入输出头文件 */

struct Date                           /* 定义日期位段结构类型 */
{
    unsigned int year:23;             /* 年,占 23 位 */
    unsigned int month:4;             /* 月,占 4 位 */
    unsigned int day:5;               /* 日,占 5 位 */
};

int main(void)                        /* 主函数 main() */
{
    struct Date d={2022,6,18};        /* 定义日期位段结构类型变量 */

    printf("%d\n", sizeof(struct Date)); /* 输出 struct Date 所占字节数 */
    printf("%d年%d月%d日\n",d.year,d.month,d.day);     /* 输出日期信息 */

    return 0;                         /* 返回值 0,返回操作系统 */
}
```

程序运行时屏幕输出如下:

4

2022 年 6 月 18 日

6.7 程序陷阱

1. 使用 typedef 时颠倒位置

初学者常见的编程错误是使用 typedef 时颠倒位置。例如：

```
typedef ElemType int;                           /＊错＊/
```

是不正确的,这是因为标识符 ElemType 应跟在 int 的后面,而不是出现在 int 的前面。还要注意,typedef 声明用分号结尾。

2. 比较具有相同结构类型的变量

对具有相同结构类型的变量进行比较也是常见的编程错误。设这样的结构类型变量是 a 和 b,虽然赋值表达式

```
a=b                                             /＊正确＊/
```

是合法的,但表达式

```
a==b                                            /＊错＊/
```

却是错误的。由于运算符“＝”和“＝＝”看起来很相似,所以初学者时常会犯这样的错误。

习　题　6

一、选择题

1. 设有如下说明：

```
typedef struct ST
{
    long a;
    int b;
} new;
```

则下面叙述中正确的是_____。

    A. 以上的说明形式非法　　　　　　　　B. ST 是一个结构变量

    C. new 是一个结构类型　　　　　　　　D. new 是一个结构变量

2. 以下关于 typedef 的叙述中错误的是_____。

    A. 用 typedef 可以增加新类型

    B. typedef 只是将已存在的类型用一个新的名字来代表

    C. 用 typedef 可以为各种类型说明一个新名,但不能用来为变量说明一个新名

    D. 用 typedef 为类型说明一个新名,通常可以增加程序的可读性

3. 有以下程序：

```
/*文件路径名:ex6_1_3\main.c*/
#include<stdio.h>                          /*标准输入输出头文件*/
struct S{ int n; int a[20]; };             /*声明结构类型*/
void f(int a[],int n)
{
    int i;                                 /*定义变量 i*/
    for (i=0; i<n; i++)
        a[i]+=i;                           /*a[i]自加上 i*/
}
int main(void)                             /*主函数 main()*/
{
    int i; struct S s={10, {2,3,1,6,8,7,5,4,10,9}};    /*定义变量*/
    f(s.a, s.n);                           /*调用函数 f()*/
    for (i=0; i<s.n; i++)
        printf("%d ",s.a[i]);              /*输出 s.a*/
    printf("\n");                          /*换行*/
    return 0;                              /*返回值 0,返回操作系统*/
}
```

程序运行后的输出结果是 _____ 。

  A. 2 4 3 9 12 12 11 11 18 18   B. 3 4 2 7 9 8 6 5 11 10

  C. 2 3 1 6 8 7 5 4 10 9   D. 1 2 3 6 8 7 5 4 10 9

4. 若有以下定义和语句:

```
union Data
{ int i; char c; float f; } x;
int y;
```

则以下语句正确的是 _____ 。

  A. x=10.5; B. x.c=101; C. y=x; D. printf("%d\n", x);

5. 若变量已正确定义,则以下语句的输出结果是 _____ 。

```
s=32;
s^=32;
printf("%d\n",s);
```

  A. −1   B. 0   C. 1   D. 32

6. 以下程序的功能是进行位运算:

```
/*文件路径名:ex6_1_6\main.c*/
#include<stdio.h>                          /*标准输入输出头文件*/
int main(void)                             /*主函数 main()*/
{
    unsigned char a,b;                     /*定义变量*/
    a=7^3;                                 /*进行按位异或运算*/
    b=~4&3;                                /*对 4 进行按位求反运算再与 3 按位与运算*/
```

```
        printf("%d %d\n",a,b);              /* 输出 a、b */
        return 0;                            /* 返回值 0,返回操作系统 */
}
```

程序运行后的输出结果是_____。

   A. 4 3   B. 7 3   C. 7 0   D. 4 0

7. 有以下程序:

```
/* 文件路径名:ex5_1_7\main.c */
#include<stdio.h>                            /* 标准输入输出头文件 */
int main(void)                               /* 主函数 main() */
{
        int c=168;                           /* 定义变量 */
        printf("%d\n",c|c);                  /* 输出 c|c */
        return 0;                            /* 返回值 0,返回操作系统 */
}
```

程序运行后的输出结果是_____。

   A. 168   B. 0   C. 167   D. 169

8. 有以下程序:

```
/* 文件路径名:ex6_1_8\main.c */
#include<stdio.h>                            /* 标准输入输出头文件 */
int main(void)                               /* 主函数 main() */
{
        char a=1,b=2,c=3,x;                  /* 定义变量 */
        x=(a^b)&c;
        printf("%d\n",x);                    /* 输出 x */
        return 0;                            /* 返回值 0,返回操作系统 */
}
```

程序运行后的输出结果是_____。

   A. 0   B. 1   C. 2   D. 3

二、填空题

1. 设有说明:

```
struct Date{int year; int month; int day;};
```

试写出一条定义语句,该语句定义 d 为上述结构变量,并同时为其成员 year、month、day 依次赋初值 2006、10、1:_____。

2. 有以下程序:

```
/* 文件路径名:ex6_2_2\main.c */
#include<stdio.h>                            /* 标准输入输出头文件 */
int main(void)                               /* 主函数 main() */
```

```c
{
    unsigned char a=2,b=4,c=5,d;              /* 定义变量 */
    d=a|b;                                     /* a 与 b 进行按位或运算 */
    d&=c;                                      /* 按位与复合赋值运算 */
    printf("%d\n",d);                          /* 输出 d */
    return 0;                                   /* 返回值 0,返回操作系统 */
}
```

程序运行后的输出结果是_____。

3. 设有以下语句：

```c
int a=1,b=2,c;
c=a^(b<<2);
```

执行后,c 的值为_____。

4. 有以下程序：

```c
/* 文件路径名:ex6_2_4\main.c */
#include<stdio.h>                              /* 标准输入输出头文件 */
int main(void)                                 /* 主函数 main() */
{
    int c=35;                                  /* 定义变量 */
    printf("%d\n",c&c);                        /* 输出 c&c */
    return 0;                                    /* 返回值 0,返回操作系统 */
}
```

程序运行后的输出结果是_____。

三、编程题

*1. 定义一个日期结构类型变量,包括年、月和日,计算某日在本年中是第几天。

*2. 编写一个函数,对一个无符号短整型数,取它的偶数位(即从左边起的第 2 位、第 4 位、第 6 位……)与奇数位(即从左边起的第 1 位、第 3 位、第 5 位……)分别组成新的无符号短整数,并通过形参传回调用函数,并要求编写测试程序。

*3. 编写一个函数,设口袋中装有红、黄、蓝、白和黑 5 种颜色的小球若干,每次从口袋中取出 3 个不同颜色的小球,输出 3 种颜色的每种组合,要求使用枚举类型,并编写测试程序。

4. 学生结构包含学号、姓名、性别、年龄等信息,定义一个学生结构数组,要在定义结构数组时初始化初始值,在程序中采用列表方式显示所有学生的信息。

5. 假设人的信息包括姓名与年龄,用结构体数组存储若干个人的信息,然后找到年龄最大的人并输出。

第7章 预处理命令

7.1 概　　述

前面各章已多次使用过以"♯"开头的预处理命令,例如包含命令"♯include"、宏定义命令"♯define"等。在源程序中这些命令一般都放在函数之外,并且也一般放在源文件的前面,它们称为预处理部分。

预处理指在进行编译的第一遍扫描(词法扫描和语法分析)之前所做的工作。预处理是 C 语言的一个重要功能,由预处理程序负责完成。当对一个源文件进行编译时,系统将自动调用预处理程序对源程序中的预处理部分作处理,处理完毕自动进入对源程序的编译。

C 语言提供了多种预处理功能,如宏定义、文件包含、条件编译等。恰当使用预处理功能编写的程序便于阅读、修改、移植和调试,也有利于模块化程序设计。本章将介绍常用的几种预处理功能。

7.2　文件包含

文件包含是 C 预处理程序的一个重要功能。文件包含命令行的一般形式有两种:

```
#include<文件名>
#include "文件名"
```

这两种形式的差别在于预处理程序在查找要被包含的文件路径有所不同,如果用"<"和">"括起文件名,预处理程序将在系统设置的包含文件目录中查找要被包含的头文件,如果用"""和"""括起文件名,预处理程序首先在正在编译的程序所在的目录中查找要被包含的文件,如查找失败,则在系统设置的包含文件目录中查找,"""和"""括起来的头文件通常用在将程序员定义的头文件包含到程序中,而用"<"和">"括起来的头文件通常用来将标准库头文件包含到程序中,例如:

```
#include<stdio.h>              /＊C语言标准库头文件＊/
#include "alg.h"              /＊程序员编写的头文件＊/
```

文件包含命令的功能是将指定的头文件插入此命令行位置取代该命令行,从而将指定的头文件和当前的源程序文件连成一个源文件。一个大的程序可以分为多个模块,由多个程序员分别编程。有些公用的符号常量或宏定义等可单独组成一个文件,在其他文件的开头用包含命令包含该文件即可使用。这样可避免在每个文件开头都去书写那些公用量，从而节省时间，并减少出错。

7.3 宏 定 义

在 C 语言源程序中允许用一个标识符来表示一个字符串，这样的标识符称为宏。被定义为宏的标识符称为宏名。在编译预处理时，对程序中所有出现的宏名，都用宏定义中的字符串去代换称为宏代换或宏展开。

宏定义是由源程序中的宏定义命令完成的。宏代换是由预处理程序自动完成的。在 C 语言中，宏可分为有参数和无参数两种。下面分别讨论这两种宏的定义和调用。

7.3.1 无参宏定义

无参宏的宏名后不带参数。其定义的一般形式如下：

#define　标识符　字符串

其中，"#"表示是一条预处理命令，凡是以"#"开头的均为预处理命令；"define"为宏定义命令关键字；"标识符"为所定义的宏名；"字符串"可以是常数或表达式。在前面介绍过的符号常量的定义就是一种无参宏定义。

例如：

#define EXPR (x*x+16*x)

宏 EXPR 代替表达式$(x*x+16*x)$。在编写源程序时，所有的$(x*x+16*x)$都可由 EXPR 代替，对源程序作编译时，将先由预处理程序进行宏代换，即用$(x*x+16*x)$表达式去置换所有的宏名 EXPR，然后再进行编译。

例 7.1　编写关于宏定义"#define EXPR $(x*x+16*x)$"的测试程序，程序演示见 7011.mp4～7013.mp4。

```
/* 文件路径名:e7_1\main.c */
#pragma warning(disable:4996)                    /* 禁止对代号为 4996 的警告 */
#include<stdio.h>                                /* 标准输入输出头文件 */

#define EXPR (x*x+16*x)                          /* 宏定义 */

int main(void)                                   /* 主函数 main() */
{
```

```
        int x,y;                                /* 定义变量 */

        printf("输入一个数:");                   /* 输入提示 */
        scanf("%d",&x);                          /* 输入 x */
        y=3*EXPR+8;                              /* 含宏的表达式 */
        printf("y=%d\n",y);                      /* 输出 y */

        return 0;                                /* 返回值 0,返回操作系统 */
    }
```

程序运行时屏幕输出如下:

输入一个数:2
y=116

上例程序中首先进行宏定义,定义宏 EXPR 表达式$(x*x+16*x)$,在 $y＝3*$EXPR$+8$ 中作了宏调用。在预处理时经宏展开后该语句变为

```
y=3*(x*x+16*x)+8
```

应注意的是,在宏定义中表达式$(x*x+16*x)$两边的"("和")"不能少。否则会发生错误,当进行以下定义:

```
#define EXPR x*x+16*x                            /* 宏定义 */
```

后,进行如下的宏调用:

```
y=3*EXPR+8;
```

宏展开时将得到下述语句:

```
y=3*x*x+16*x+8;
```

显然与原意不符。计算结果当然是错误的。因此在作宏定义时必须十分注意。对于宏定义还要说明以下几点。

(1) 宏定义用宏名来表示一个字符串,在宏展开时又以该字符串取代宏名,只是一种简单的代换,字符串中可以含任何字符,可以是常数,也可以是表达式,预处理程序对它不作任何检查。如有错误,只能在编译已被宏展开后的源程序时发现。

(2) 宏定义不是语句,在行末不必加";",如加上";"则连";"也一起置换。

(3) 宏定义一般写在函数之外,其作用域为从宏定义命令起到源程序结束。

(4) 宏名在源程序中若用""""括起来,则预处理程序不对其进行宏代换。

例 7.2 编写宏名在源程序中若用""""括起来时不做预处理的测试程序,程序演示见 7021.mp4~7023.mp4。

```
/* 文件路径名:e7_2\main.c */
#include<stdio.h>                    /* 标准输入输出头文件 */

#define PI 3.1415926                 /* 宏定义 */

int main(void)                       /* 主函数 main() */
{
    printf("PI");                    /* 宏名 PI 用""括起来,将不进行宏替换 */
    printf("\n");                     /* 换行 */

    return 0;                        /* 返回值 0,返回操作系统 */
}
```

程序运行时屏幕输出如下:

```
PI
```

上例中定义宏名 PI 表示 3.1415926,但在 printf()函数中 PI 被一对""括起来,因此不进行宏代换。

(5) 宏定义允许嵌套,在宏定义的字符串中可以使用已经定义的宏名。在宏展开时由预处理程序层层代换。例如:

```
#define PI 3.1415926
#define EXPR PI*r*r
```

PI 是已定义的宏名,对语句

```
printf("%f",EXPR);
```

进行宏代换后变为

```
printf("%f",3.1415926*r*r);
```

(6) 宏名习惯用大写字母表示,以便于与变量区别。但也允许用小写字母。

7.3.2　带参宏定义

C 语言允许宏带有参数。在宏定义中的参数称为形式参数,简称形参,在宏调用中的参数称为实际参数,简称实参。对于带参数的宏,在调用中,不仅要进行宏展开,而且要用实参去代换形参。

带参宏定义的一般形式如下:

```
#define 宏名(形参表) 字符串
```

在字符串中含有形参。带参宏调用的一般形式如下:

```
宏名(实参表);
```

例如:

```
#define EXPR(x) (x*x+6)                    /*宏定义*/
y=2*EXPR(5)+9;                              /*宏调用*/
```

在宏调用时,用实参 5 代替形参 x,经预处理宏展开后的语句如下:

```
y=2*(5*5+6)+9
```

例7.3　用宏替换实现求两个数的最小值,程序演示见 7031.mp4~7033.mp4。

```
/*文件路径名:e7_3\main.c*/
#pragma warning(disable:4996)              /*禁止对代号为 4996 的警告*/
#include<stdio.h>                          /*标准输入输出头文件*/

#define MIN(a,b) ((a<b)?a:b)               /*带参宏定义*/

int main(void)                             /*主函数 main()*/
{
    int x,y,min;                           /*定义整型变量*/

    printf("输入两个数:");                 /*输入提示*/
    scanf("%d%d",&x,&y);                   /*输入 x、y*/
    min=MIN(x,y);                          /*求 x、y 的最小值*/
    printf("最小值:%d\n",min);             /*输出 n*/

    return 0;                              /*返回值 0,返回操作系统*/
}
```

程序运行时屏幕输出如下:

```
输入两个数:2 3
最小值:2
```

本例程序用带参数宏 MIN(a,b)表示条件表达式((a<b)?a:b),形参 a、b 均出现在条件表达式中。程序中宏调用语句

```
min=MIN(x,y);
```

将实参 x、y 代换形参 a、b。宏展开后该语句为

```
min=((x<y)?x:y);
```

用于求 x、y 中的最小值。

对于带参的宏定义有以下问题需要说明。

（1）带参宏定义中，宏名和形参表之间不能有空格出现。

例如，把

```
#define MIN(a,b) ((a<b)?a:b)
```

写为

```
#define MIN (a,b) ((a<b)?a:b)
```

后，MIN 将被认为是无参宏定义，宏名 MIN 代表字符串(a,b) ((a＜b)？a：b)。

宏展开时，宏调用语句

```
min=MIN(x,y);
```

将变为

```
min=(a,b) ((a<b)?a:b) (x,y);
```

这显然是错误的。

（2）在宏定义中的形参是标识符，宏调用中的实参可以是表达式。

例 7.4 编写用表达式作宏调用的实参的程序，程序演示见 7041.mp4～7043.mp4。

```
/* 文件路径名:e7_4\main.c */
#pragma warning(disable:4996)          /* 禁止对代号为 4996 的警告 */
#include<stdio.h>                       /* 标准输入输出头文件 */

#define SQR(x) (x)*(x)                   /* 带参宏定义 */

int main(void)                          /* 主函数 main() */
{
    int x,y;                            /* 定义整型变量 */

    printf("输入一个数:");              /* 输入提示 */
    scanf("%d",&x);                     /* 输入 x */
    y=SQR(x+1);                         /* 含带参宏调用 */
    printf("y=%d\n",y);                 /* 输出 y */

    return 0;                           /* 返回值 0,返回操作系统 */
}
```

程序运行时屏幕输出如下：

输入一个数:3

y=16

上例中宏定义形参为 x。宏调用中实参为 x+1，是一个表达式，在宏展开时，用 x+1 代换 x，再用(x+1)＊(x+1)代换 SQR(x+1)，得到如下语句：

y=(x+1)*(x+1);

这与函数的调用是不同的，函数调用时要把实参表达式的值求出来再赋予形参。而宏代换中对实参表达式不作计算直接地照原样代换。

(3) 在宏定义中，字符串内的形参一般要用"("和")"括起来以避免出错。在上例中的宏定义中(x)＊(x)表达式的 x 都用"("和")"括起来，因此结果是正确的。如果去掉"("和")"，程序将得不到正确的结果。

例 7.5 例 7.4 中宏形参不用"("和")"括起来将得到错误结果的测试程序，程序演示见 7051.mp4～7053.mp4。

```
/* 文件路径名:e7_5\main.c */
#pragma warning(disable:4996)          /* 禁止对代号为 4996 的警告 */
#include<stdio.h>                       /* 标准输入输出头文件 */

#define SQR(x) x*x                      /* 带参宏定义 */

int main(void)                          /* 主函数 main() */
{
    int x,y;                            /* 定义整型变量 */

    printf("输入一个数:");               /* 输入提示 */
    scanf("%d",&x);                     /* 输入 x */
    y=SQR(x+1);                         /* 含带参宏调用 */
    printf("y=%d\n",y);                 /* 输出 y */

    return 0;                           /* 返回值 0,返回操作系统 */
}
```

程序运行时屏幕输出如下：

输入一个数:3
y=7

上面程序作宏替换后将得到以下语句：

y=x+1*x+1;

由于 x 为 3,所以 y 的值为 7。这显然与题意相违,因此参数两边的"("和")"是不能少的。即使在参数两边加"("和")"还是不够的,下面通过实例进行说明。

例 7.6 在定义的形参两边加"("和")"也得不到正确结果实例,程序演示见 7061. mp4～7063.mp4。

```
/*文件路径名:e7_6\main.c*/
#pragma warning(disable:4996)            /*禁止对代号为 4996 的警告*/
#include<stdio.h>                        /*标准输入输出头文件*/

#define SQR(x) (x)*(x)                   /*带参宏定义*/

int main(void)                           /*主函数 main()*/
{
    int x,y;                             /*定义整型变量*/

    printf("输入一个数:");               /*输入提示*/
    scanf("%d",&x);                      /*输入 x*/
    y=9/SQR(x+1);                        /*含带参宏调用*/
    printf("y=%d\n",y);                  /*输出 y*/

    return 0;                            /*返回值 0,返回操作系统*/
}
```

程序运行时屏幕输出参考如下:

输入一个数:2
y=9

本程序中的宏调用语句如下:

y=9/SQR(x+1);

运行本程序如输入值为 2 时,希望结果为 1,但实际运行结果为 9。这是由于宏代换之后变为

y=9/(x+1)*(x+1);

由于运算符"/"和"*"优先级和结合性相同,则先计算 9/(x+1)得 3,再计算 3*(x+1) 最后得 9。为了得到正确答案,应在宏定义中的整个字符串外加"("和")"。

例 7.7 在宏定义中的整个字符串外加"("和")",程序演示见 7071.mp4～7073.mp4。

```
/* 文件路径名:e7_7\main.c */
#pragma warning(disable:4996)        /* 禁止对代号为 4996 的警告 */
#include<stdio.h>                      /* 标准输入输出头文件 */

#define SQR(x) ((x)*(x))              /* 带参宏定义 */

int main(void)                        /* 主函数 main() */
{
    int x,y;                          /* 定义整型变量 */

    printf("输入一个数:");            /* 输入提示 */
    scanf("%d",&x);                   /* 输入 x */
    y=9/SQR(x+1);                     /* 含带参宏调用 */
    printf("y=%d\n",y);              /* 输出 y */

    return 0;                         /* 返回值 0,返回操作系统 */
}
```

程序运行时屏幕输出如下:

输入一个数:2

y=1

说明:对于宏定义,不仅应在参数两侧加"("和")",也应在整个字符串外加"("和")"。

(4) 带参的宏和带参函数很相似,但有本质上的不同,把同一表达式用函数处理与用宏处理两者的结果可能不同。

例 7.8 测试同一表达式用函数与宏处理结果是否相同的程序,程序演示见 7081.mp4~7083.mp4。

```
/* 文件路径名:e7_8\main.c */
#include<stdio.h>                      /* 标准输入输出头文件 */

#define ABS(x) ((x>0)?(x):(-(x)))     /* 带参宏定义 */
```

```
int Abs(int x)                          /* 带参函数 */
{
    return ((x>0)?(x):(-(x)));          /* 返回 x 的绝对值 */
}


int main(void)                          /* 主函数 main() */
{
    int i;                              /* 定义整型变量 */

    printf("带参宏运行结果:\n");         /* 提示信息 */
    i=0;                                /* 初始化 i */
    while (i<=5)
        printf("%d ", ABS(++i));        /* 循环输出结果 */
    printf("\n");                       /* 换行 */

    printf("带参函数运行结果:\n");       /* 提示信息 */
    i=0;                                /* 初始化 i */
    while (i<=5)
        printf("%d ", Abs(++i));        /* 循环输出结果 */
    printf("\n");                       /* 换行 */

    return 0;                           /* 返回值 0,返回操作系统 */
}
```

程序运行时屏幕输出如下:

带参宏运行结果:
2 4 6
带参函数运行结果:
1 2 3 4 5 6

在上例中宏名为 ABS,形参为 x,字符串表达式为((x>0)?(x):(-(x))),函数名为 Abs,形参为 x,函数体表达式为((x>0)?(x):(-(x)))。函数调用为 Abs(++i),宏调用为 ABS(++i),实参是相同的。但输出结果却大不相同。具体分析如下。

函数调用是把实参 i 自增 1 后,再将 i 的值传递给形参 x。然后输出函数值。因而要循环 6 次。输出 1~6 的绝对值。

而在宏调用时,只作代换。ABS(++i)被代换为(((++i>0)?(++i):(-(++i)))),下面讨论宏调用中每一次的循环过程:

在第 1 次循环时,由于 i 等于 0,其计算过程如下:(++i>0)表达式中 i 初值为 0,然后 i 自增 1 变为 1,可知(++i>0)成立,因此取(++i),i 初值为 1,i 值再自增 1,得 2,可知(++i)的值为 2。

在第 2 次循环时,由于 i 等于 2,其计算过程如下:(++i>0)表达式中 i 初值为 2,然后 i 自增 1 变为 3,可知(++i>0)成立,因此取(++i),i 初值为 3,i 值再自增 1,得 4,可知(＋＋i)的值为 4。

在第 3 次循环时,由于 i 等于 4,其计算过程如下:(＋＋i＞0)表达式中 i 初值为 4,然后 i 自增 1 变为 5,可知(＋＋i＞0)成立,因此取(＋＋i),i 初值为 5,i 值再自增 1,得 6,可知(＋＋i)的值为 6。

从以上分析可以看出,函数调用和宏调用二者在形式上相似,在本质上是完全不同的。

*7.3.3 取消宏♯undef

使用形式如下:

```
#undef 宏名
```

功能:用于取消宏,主要用于如下这种类型的代码:

```
#undef MAX
#define MAX 32767
```

如果 MAX 已被定义,♯undef 预处理命令在文件的其余部分将取消 MAX 的定义,或直到 MAX 被再次定义,如果 MAX 没有被定义过,则这一预处理指令不起作用。

*7.4 条件编译

预处理程序提供了条件编译的功能。读者可以按不同的条件去编译不同的程序部分,因而产生不同的目标代码文件。这对于程序的移植和调试是很有用的。条件编译有 3 种形式。

1. 第 1 种形式:♯ifdef、♯else 和♯endif

使用形式如下:

```
#ifdef 标识符
    程序段 1
#else
    程序段 2
#endif
```

功能:如果标识符已被定义过,则对程序段 1 进行编译;否则对程序段 2 进行编译。如果没有程序段 2(它为空),本格式中的♯else 可以没有,即可以写为

```
#ifdef 标识符
    程序段 1
#endif
```

例 7.9 第 1 种形式条件编译示例,程序演示见 7091.mp4～7093.mp4。

```
/* 文件路径名:e7_9\main.c */
#pragma warning(disable:4996)          /* 禁止对代号为 4996 的警告 */
#include<stdio.h>                       /* 标准输入输出头文件 */
#include<string.h>                      /* 字符串头文件 */

#define NUM 68                          /* 宏定义 */

int main(void)                          /* 主函数 main() */
{
    struct
    {
        int num;                        /* 学号 */
        char * name;                    /* 姓名 */
        char sex[3];                    /* 性别 */
        float score;                    /* 成绩 */
    } student;                          /* 定义 student 变量 */

    /* 为结构变量赋值 */
    student.num=101101;                 /* 为学号赋值 */
    student.name="李放";                /* 为姓名赋值 */
    strcpy(student.sex, "男");          /* 为性别复制赋值 */
    student.score=62.5;                 /* 为成绩赋值 */

    /* 条件编译 */
    #ifdef NUM                          /* 如已定义标识符 NUM,则显示学号与成绩 */
        printf("已定义标识符 NUM\n 学号:%d\n 成绩:%f\n", student.num, student.score);
    #else                               /* 如未定义标识符 NUM,则显示姓名与性别 */
        printf("未定义标识符 NUM\n 姓名:%s\n 性别:%c\n", student.name, student.sex);
    #endif

    return 0;                           /* 返回值 0,返回操作系统 */
}
```

程序运行时屏幕输出如下:

已定义标识符 NUM
学号: 101101
成绩: 62.500000

在程序中插入了条件编译预处理命令,因此要根据 NUM 是否被定义过来决定编译哪个 printf()函数。由于在程序中已对 NUM 作过宏定义,因此应对第一个 printf()函数作编译,故运行结果是输出了学号和成绩。在程序的第 1 行宏定义中,定义 NUM 表示字符串 68,实际上可以为任何字符串,甚至不给出任何字符串,写为

```
#define NUM
```

具有同样的意义。只有取消程序对 NUM 的宏定义才会去编译第 2 个 printf()函数。读者可上机试作。

2. 第 2 种形式:♯if、♯else 和 ♯endif

使用形式如下:

```
#if 常量表达式
    程序段 1
#else
    程序段 2
#endif
```

功能:如常量表达式的值为真(非 0),则对程序段 1 进行编译,否则对程序段 2 进行编译。因此可以使程序在不同条件下,完成不同的功能。

例 7.10 第 2 种形式条件编译示例,程序演示见 7101.mp4~7103.mp4。

```
/* 文件路径名:e7_10\main.c*/
#pragma warning(disable:4996)              /* 禁止对代号为 4996 的警告 */
#include<stdio.h>                          /* 标准输入输出头文件 */

#define R 1                                /* 宏定义 */

int main(void)                             /* 主函数 main() */
{
    float r,s;                             /* 定义变量 */

    printf ("输入一个数:");
    scanf("%f",&r);                        /* 输入 r */

    #if R                                  /* R 不为 0,显示圆面积 */
        s=3.14159*r*r;                     /* 计算圆面积 */
        printf("圆面积: %f\n",s);          /* 显示圆面积 */
    #else                                  /* R 为 0,显示正方形面积 */
        s=r*r;                             /* 计算正方形面积 */
        printf("正方形面积: %f\n",s);      /* 显示正方形面积 */
```

```
    #endif

    return 0;                              /*返回值 0,返回操作系统*/
}
```

程序运行时屏幕输出如下:

```
输入一个数: 2
圆面积: 12.566360
```

上面程序中采用了第 2 种形式的条件编译。在程序第 1 行宏定义中,定义 R 为 1,因此在条件编译时,常量表达式的值为真,故计算并输出圆面积。上面介绍的条件编译当然也可以用条件语句来实现。但用条件语句将会对整个源程序进行编译,生成的目标代码程序很长,而采用条件编译,则根据条件只编译其中的程序段 1 或程序段 2,生成的目标程序较短。如果条件选择的程序段很长,采用条件编译的方法是十分必要的。

3. 第 3 种形式: ♯**ifndef**、♯**else** 和 ♯**endif**

使用形式如下:

```
#ifndef 标识符
    程序段 1
#else
    程序段 2
#endif
```

与第 1 种形式的区别是将 ifdef 改为 ifndef。

功能: 如果标识符未被定义过,则对程序段 1 进行编译,否则对程序段 2 进行编译。这与第一种形式的功能正相反。

在编写源程序时,通常将所用到的函数原型、全局变量,全局类型的声明,头文件的包含命令统一编写在一个头文件(例如 alg.h)中,将函数实现统一编写在一个源程序文件(例如 alg.c)中,主函数 main()放在主函数文件 main.c 中,通常这些文件的结构如下。

(1) alg.h 的一般形式如下:

```
/*alg.h 头文件*/
#ifndef __ALG_H__     /*如果未定义标识符__ALG_H__,则编译如下程序段*/
#define __ALG_H__     /*定义标识符__ALG_H__*/

头文件包含命令

全局类型声明

全局变量声明

函数原型声明
```

```
#endif
```

（2）alg.c 的一般形式如下：

```
/* alg.c 源程序文件 */
#include "alg.h"
alg.h 中声明函数的实现
```

（3）main.c 的一般形式如下：

```
/* main.c 源程序文件 */
#include "alg.h"

int main(void)                              /* 主函数 main() */
{
    函数体
}
```

**7.5 宏 assert(断言)

在头文件 assert.h 中定义了宏 assert，assert 的使用形式如下：

```
assert(表达式);
```

assert 用于测试表达式的值，如果表达式的值为 0，那么将显示错误信息，并终止程序的执行。这是一个非常有用的调试工具，可测试一个变量是否具有正确的值，例如，程序中变量 age 只能为 5～50，可以用 assert 测试 age 的值，并在 age 值不正确时显示错误信息，具体语句如下：

```
assert(age>=5 && age<=50);
```

如果 age 不为 5～50，将显示包含行号和文件名的错误信息，并终止程序的执行，这样程序员可将重点放在相应代码区进行检测和调试。

说明：在程序发布时，可采用如下的方法进行处理：

```
#undef assert                              /* 取消 assert 的定义 */
#define assert(expr)                       /* 重定义 assert 为一个空宏 */
```

就是将宏定义为一个空宏，这样宏 assert 自然就不起任何作用了。

说明：有时程序需要用宏 assert 来保证程序的正常运行，在程序发布时也可不将宏 assert 重定义为空宏。

7.6 程 序 陷 阱

1. 宏定义的空格问题

宏定义显得更容易出错。例如下面的宏定义：

```
#define f(x)(x)*(x)+6
```

注意,在 f 与(x)之间有一个空格,实际上 x 并不是宏的参数,f 变成无参宏,f 代表

```
(x)(x)*(x)+6
```

2. 带参宏不等于函数

从表面上看带参宏与函数相似,初学者往往认为两者完全等同,例如:

```
#define Min(x, y)  ((x)<(y)?(x):(y));
```

在宏中加上"("和")"是与优先级有关的问题,但也可能产生错误,例如,下面的语句:

```
y=Min(a,b--);
```

展开后就是

```
y=(a)<(b--)?(a):(b--)
```

如果 a>=b,b一一将执行 2 次,如将 Min 定义为函数,将不会产生这样的问题。

习　题　7

一、选择题

1. 有以下程序:

```
/*文件路径名:ex7_1_1\main.c*/
#include<stdio.h>                         /*标准输入输出头文件*/
#define HDY(a, b) a/b                      /*带参宏*/
int main(void)                            /*主函数 main()*/
{
    int a=1,b=2,c=3,d=4,y;                 /*定义变量*/
    y=HDY(a+c,b+d);                        /*调用带参宏 HDY*/
    printf("y=%d\n",y);                    /*输出 k*/
    return 0;                              /*返回值 0,返回操作系统*/
}
```

下面针对该程序的叙述正确的是_____。

    A. 编译有错　　　　　　　　　　B. 运行出错

    C. 运行结果为 y=0　　　　　　　D. 运行结果为 y=6

2. 有以下程序:

```
/*文件路径名:ex7_1_2\main.c*/
#include<stdio.h>                         /*标准输入输出头文件*/
#define N 5                               /*无参宏*/
#define M N+1                             /*无参宏*/
```

```
#define f(x) (x*M)                          /* 带参宏 */
int main(void)                              /* 主函数 main() */
{
    int i1,i2;                              /* 定义变量 */
    i1=f(2); i2=f(1+1);                     /* 调用带参宏 */
    printf("%d %d\n",i1,i2);                /* 输出 i1,i2 */
    return 0;                               /* 返回值 0,返回操作系统 */
}
```

程序运行后的输出结果是_____。

   A. 12 12   B. 11 7   C. 11 11   D. 12 7

3. 以下叙述中正确的是_____。

   A. 预处理命令行必须位于 C 源程序的起始位置

   B. 在 C 语言中,预处理命令行都以♯开头

   C. 每个 C 程序必须在开头包括预处理命令行♯include

   D. C 语言的预处理不能实现宏定义和条件编译的功能

4. 有以下程序:

```
/* 文件路径名:ex7_1_4\main.c */
#include<stdio.h>                           /* 标准输入输出头文件 */
#define f(x) (x*x)                          /* 带参宏 */
int main(void)                              /* 主函数 main() */
{
    int i1,i2;                              /* 定义变量 */
    i1=f(8)/f(4); i2=f(4+4)/f(2+2);         /* 调用带参宏 */
    printf("%d %d\n",i1,i2);                /* 输出 i1、i2 */
    return 0;                               /* 返回值 0,返回操作系统 */
}
```

程序运行后的输出结果是_____。

   A. 64,28   B. 4,4   C. 4,3   D. 64,64

5. 以下叙述中正确的是_____。

   A. 预处理命令行必须位于源文件的开头

   B. 在源文件的一行上可以有多条预处理命令

   C. 宏名必须用大写字母表示

   D. 宏替换不占用程序的运行时间

二、填空题

1♠下面程序编译运行的结果是_____。

```
/* 文件路径名:ex7_2_1\main.c */
#include<stdio.h>                           /* 标准输入输出头文件 */
#define N 10                                /* 无参宏 */
```

```
#define f(x) (x*N)                        /* 带参宏 */
int main(void)                            /* 主函数 main() */
{
    int i;                                /* 定义变量 */
    i=f(1+1);                             /* 调用带参宏 */
    printf("%d\n",i);                    /* 输出 i */
    return 0;                             /* 返回值 0,返回操作系统 */
}
```

2. 执行以下程序的输出结果是_____。

```
/* 文件路径名:ex7_2_2\main.c */
#include<stdio.h>                          /* 标准输入输出头文件 */
#define M 5                               /* 无参宏 */
#define N M+M                             /* 无参宏 */
int main(void)                            /* 主函数 main() */
{
    int k;                                /* 定义变量 */
    k=N*N*5;                             /* 调用无参宏 */
    printf("%d\n",k);                    /* 输出 k */
    return 0;                             /* 返回值 0,返回操作系统 */
}
```

三、编程题

1. 试编写一个宏定义 MOD(a,b),用来求 a 除以 b 的余数,并编写测试程序。

2. 试编写一个宏定义 SWAP(type,a,b),用于交换 type 类型的两个参数,并编写测试程序。

提示：用复合语句实现。

3. 试编写一个宏定义 IS_DIGIT(c),用于判断 c 是否为数字字符,如果是,得 1;否则得 0 并编写测试程序。

4. 试编写一个宏定义 LEAP_YEAR(year),用于判断年份 year 是否为闰年,如果是,得 1;否则得 0 并编写测试程序。

*5. 三角形的面积为 $S=\sqrt{p(p-a)(p-b)(p-c)}$,其中 $p=\frac{1}{2}(a+b+c)$,定义两个宏,一个宏 $P(a,b,c)$ 用来求 p,一个宏 $S(a,b,c)$ 用来求面积 S,并编写测试程序。

第8章 文 件

8.1 文 件 概 念

文件是一组相关数据的有序集合。这个数据集的名称称为文件名。实际上在前面的各章中早已使用了文件,例如源程序文件、头文件等。文件一般都存储在外部介质(如磁盘等)上,在使用时才调入内存中。可从不同的角度对文件进行分类。从用户的角度看,文件可分为普通文件和设备文件两种。

(1)普通文件指存储在磁盘或其他外部介质上的一个有序数据集,可以是源文件、目标文件、可执行程序,也可以是一组待处理的数据。

(2)设备文件指与主机相连的各种外部设备,如显示器、打印机、键盘等。在操作系统中,把外部设备也视为一个文件进行管理,将它们的输入、输出等同于对磁盘文件的读和写。通常把显示器定义为标准输出文件,一般情况下,在屏幕上显示有关信息就是向标准输出文件输出。如前面经常使用的 printf() 和 putchar() 函数就是这类输出。键盘通常被指定为标准输入文件,从键盘上输入就意味着从标准输入文件上输入数据。scanf()和 getchar() 函数就属于这类输入。

从文件编码的方式看,文件可分为 ASCII 码文件和二进制文件两种。

ASCII 码文件也称为文本文件,这种文件在磁盘中存放的每个字符对应 1 字节,用于存放对应的 ASCII 码。例如,数 5689 的存储形式为

ASCII 码: 00110101 00110110 00111000 00111001

十进制码: 5   6   8   9

该数共占用 4 字节。ASCII 码文件可在屏幕上按字符显示,例如源程序文件就是 ASCII 码文件,用记事本可显示文件的内容。由于是按字符显示,因此能读懂文件内容。

二进制文件按二进制的编码方式来存放。例如,数 5678 的存储形式为 00000000 00000000 00010110 00101110,占用 4 字节。

在 C 语言中,当打开一个文件时,此文件就和某个流相关联,流是文件和程序之间通信的通道,例如标准输入流能使程序读取来自键盘的数据,标准输出流能使程序将数据显示在屏幕上,本章将讨论流式文件的打开、关闭、读、写、定位等各种操作。在 C 语言中,文件操作都是由库函数来完成的。在本章内将介绍主要的文件操作函数。

8.2　文　件　指　针

在 C 语言中用一个指针变量关联一个文件，这个指针称为文件指针。通过文件指针就可对它所关联的文件进行各种操作。定义说明文件指针的一般形式如下：

```
FILE *指针变量标识符;
```

其中，FILE 应为大写，它是一个结构类型，定义在头文件 stdio.h 中，该结构中含有文件名、文件状态和文件当前位置等信息。在编写源程序时不必关心 FILE 结构的细节。例如：

```
FILE * fp;
```

表示 fp 是指向 FILE 结构的指针变量，通过 fp 能够找到与它相关的文件，实施对文件的操作。

8.3　文件的打开与关闭

在进行读写操作之前要先打开，使用完毕要关闭。打开文件实际上就是建立文件的各种有关信息，并使文件指针关联该文件，以便进行其他操作。关闭文件则断开指针与文件之间的联系，也就是禁止再对该文件进行操作。

8.3.1　文件打开函数 fopen()

fopen()函数用于打开一个文件，其调用的一般形式如下：

```
文件指针名=fopen(文件名，使用文件方式);
```

其中，"文件指针名"必须是被说明为 FILE 类型的指针变量，"文件名"是被打开文件的文件名，"文件名"是字符串常量、字符数组或字符指针。"使用文件方式"是指文件的类型和操作要求。例如：

```
FILE *fp;
fp=fopen("test.txt","r");
```

上面语句的意义是在当前目录下打开文件 test.txt，只允许进行读操作，并使 fp 关联该文件。

例如：

```
FILE * fp;
fp=fopen("C:\\myPro\\test.txt","w");
```

上面语句的意义是在 C:\myPro\目录下打开文件 test.txt，只允许进行写操作，并使 fp 指向该文件，两个"\\"之间的第一个表示转义字符。

使用文件的方式共有 12 种,它们的符号和意义如表 8.1 所示。

表 8.1　使用文件方式的符号和意义

文件使用方式	意　义
"rt"	以只读方式打开一个文本文件,只允许读数据
"wt"	以只写方式建立一个文本文件,只允许写数据
"at"	以追加方式打开一个文本文件,并在文件末尾写数据
"rb"	以只读方式打开一个二进制文件,只允许读数据
"wb"	以只写方式建立一个二进制文件,只允许写数据
"ab"	以追加方式打开一个二进制文件,并在文件末尾写数据
"rt+"	以读写方式打开一个文本文件,允许读写
"wt+"	以读写方式建立一个文本文件,允许读写
"at+"	以读写方式打开一个文本文件,允许读,或在文件末追加数据
"rb+"	以读写方式打开一个二进制文件,允许读和写
"wb+"	以读写方式建立一个二进制文件,允许读和写
"ab+"	以读写方式打开一个二进制文件,允许读,或在文件末追加数据

对于文件使用方式说明如下。

(1) 文件使用方式由 r、w、a、t、b、+这 6 个字符组成,各字符的含义如下。

r(read):读。

w(write):写。

a(append):追加。

t(text):文本文件,可省略不写。

b(binary):二进制文件。

+:读和写。

(2) 用"r"打开一个文件时,该文件必须已经存在,且可以从该文件读出数据。

(3) 用"w"打开一个文件时,可以向该文件写入。若打开的文件不存在,则以指定的文件名建立该文件,若打开的文件已经存在,则将删除此文件,重建一个新文件。

(4) 若要向一个文件追加新的信息,只能用"a"方式打开文件。但此时如果文件是不存在的,将建立一个新文件。

(5) 在打开一个文件时,如果出错,fopen()将返回一个空指针值 NULL。在程序中可以用这一信息来判别是否完成打开文件的工作,并作相应的处理。因此常用以下程序段打开文件:

```
fp=fopen("test.dat","rb");              /* 打开文件 */
if (fp ==NULL)
{                                       /* 打开文件失败 */
    printf("打开文件失败!\n");          /* 错误信息 */
```

```
    exit(1);                                    /* 退出程序 */
}
```

或

```
if ((fp=fopen("test.dat","rb"))==NULL)
{                                               /* 打开文件 */
    printf("打开文件失败!\n");                    /* 错误信息 */
    exit(1);                                    /* 退出程序 */
}
```

上面的程序段的意义是,如果返回的指针 fp 为空,则打开文件失败,则提示"打开文件出错!",然后执行 exit(1)退出程序,exit()函数的功能是强制终止程序的执行,并将实参返回给操作系统,在 stdlib.h 头文件中包含有 exit()函数的原型,因此在程序中需要调用 exit()函数时,在程序应使用文件包含预处理命令

```
#include<stdlib.h>
```

将头文件 stdlib.h 包含到程序中。

上面的第一个程序段可读性强,不容易出错,第二个程序段代码行更少显得更有"技巧",但可读性比较差,初学者容易出错,建议初学者多采用第一个程序段的形式进行编程实践。

8.3.2　文件关闭函数 fclose()

当用户使用完文件后,应用关闭文件函数把文件关闭,以避免文件的数据丢失等错误,这里的关闭是使文件指针变量不再与文件相关联,此后将不能通过此指针对原相关联的文件进行操作。

fclose()函数调用的一般形式如下:

```
fclose(文件指针);
```

正常完成关闭文件操作时,fclose()函数返回值为 0。如返回非 0 值则表示有错误发生。对文件的读和写是最常用的文件操作。

8.4　文件检测函数

C 语言中常用的文件检测函数有以下两个。

1. 文件结束检测函数 feof()

使用格式如下:

```
feof(文件指针);
```

功能:判断文件位置指针是否处于文件结束位置,如处于结束位置,则返回非 0 值,否则返回0值。

2. 文件当前位置函数 ftell( )

使用格式如下：

ftell(文件指针);

功能：返回文件位置指针的当前位置。

8.5　对文本文件的操作

文本文件的每个字节中存储的都是以 ASCII 码形式存放的数据，也就是一字节存放一个字符，对文本文件的编程代码是首先需要打开文件，操作完毕后再关闭文件。

对文本文件的读写操作有 3 种方法。

（1）采用格式化读函数 fscanf( )和格式化写函数 fprinf( )读写数据。

（2）采用字符读函数 fgetc( )和字符写函数 fputc( )读写字符。

（3）采用字符串读函数 fgets( )和字符串写函数 fputs( )读写字符串。

以上函数原型都在头文件 stdio.h 中加以声明，下面分别予以介绍。

8.5.1　采用格式化读写函数 fscanf( )和 fprintf( )读写数据

格式化读写函数 fscanf( )和 fprintf( )与前面学过的 scanf( )和 printf( )函数的功能相似，都是进行格式化读写。两者的区别在于 scanf( )和 printf( )函数的读写对象是键盘和显示器，而 fscanf( )和 fprintf( )函数的读写对象是外存中的文件。这两个函数的使用格式如下：

fscanf(文件指针, 格式字符串, 输入列表);
fprintf(文件指针, 格式字符串, 输出列表);

下面通过示例加以说明。

例 8.1　有一个整型数组，含 9 个整数，将这些数据存入一个文本文件中，然后再从这个文件中读数据并显示在屏幕上，程序演示见 8011.mp4～8013.mp4。

```
/ * 文件路径名:e8_1\main.c * /
#pragma warning(disable:4996)        / * 禁止对代号为 4996 的警告 * /
#include<stdio.h>                    / * 标准输入输出头文件 * /
#include<stdlib.h>                   / * 包含库文件 exit()所需信息 * /

int main(void)                       / * 主函数 main() * /
{
```

```c
    int a[]={1,5,8,90,25,16,18,86,98},n=9,x,i;
                                              /*定义数组与整型变量*/
    FILE *fp;                                 /*定义文件指针*/

    fp=fopen("my_file.txt","wt");             /*打开文件*/
    if (fp==NULL)
    {   /*打开文件失败*/
        printf("打开文件失败!\n");             /*错误信息*/
        exit(1);                              /*退出程序*/
    }

    for (i=0; i<n; i++)
        fprintf(fp,"%d ",a[i]);               /*将数据写到文件中*/
    fclose(fp);                               /*关闭文件*/

    fp=fopen("my_file.txt","rt");             /*打开文件*/
    if (fp==NULL)
    {   /*打开文件失败*/
        printf("打开文件失败!\n");             /*错误信息*/
        exit(2);                              /*退出程序*/
    }

    fscanf(fp,"%d",&x);                       /*从文件中读数据到x*/
    while (!feof(fp))
    {   /*文件未结束*/
        printf("%d ",x);                      /*显示数据x*/
        fscanf(fp,"%d",&x);                   /*从文件中读数据到x*/
    }
    printf("\n");                             /*换行*/
    fclose(fp);                               /*关闭文件*/

    return 0;                                 /*返回值0,返回操作系统*/
}
```

程序运行时屏幕输出如下：

1 5 8 90 25 16 18 86 98

在向文件写入数据时,语句

```c
fprintf(fp,"%d ",a[i]);
```

用于在各数据后加一个空格,例如采用

```c
fprintf(fp,"%d",a[i]);
```

则所有数据之间无分隔符,达不到分别存储各数据的目的,读者可上机尝试,观察会出现什么效果。

8.5.2　采用字符读写函数 fgetc()和 fputc()读写字符

字符读写函数 fgetc()和 fputc()是以字符(字节)为单位的读写函数。每次可从文件读出或向文件写入一个字符。

字符读写函数 fgetc()和 fputc()与前面学过的 getchar()和 putchar()函数的功能相似,都是进行字符读写。两者的区别在于 getchar()和 putchar()函数的读写对象是键盘和显示器,而 fgetc()和 fputc()函数的读写对象是外存中的文件。

1. 读字符函数 fgetc()

fgetc()函数的功能是从指定的文件中读一个字符,函数调用的形式如下:

```
字符变量=fgetc(文件指针);
```

例如:

```
ch=fgetc(fp);
```

的意义是从 fp 所关联的文件中读取一个字符并送入 ch 中。

对于 fgetc()函数使用的说明如下。

(1) 在 fgetc()函数调用中,读取的文件必须以读或读写方式打开的。

(2) 在文件内部有一个位置指针。用来指向文件的当前读写字节。在文件打开时,该指针总是指向文件的首字节。调用一次 fgetc()函数后,位置指针将向后移动 1 字节。因此可连续多次使用 fgetc()函数,读取多个字符。文件内部的位置指针用于指示文件内部的当前读写位置,每读写一次,该指针均向后移动,不需在程序中定义说明,而是由系统自动设置。

(3) fgetc()函数操作成功,返回从文件读取的字符,如果遇到文件已结束,将返回 EOF,EOF 是 stdio.h 中定义的一个符号常量,其值为 -1。

2. 写字符函数 fputc()

fputc()函数的功能是把一个字符写入指定的文件中,函数调用形式如下:

```
fputc(字符量, 文件指针);
```

操作结果将字符量写入文件指针所关联的文件中。

对于 fputc()函数的说明如下。

(1) 被写入的文件可以用写、读写、追加方式打开。

(2) 每写入一个字符,文件内部位置指针向后移动 1 字节。

(3) fputc()函数有一个返回值,如写入成功则返回写入的字符,否则返回一个 EOF。可用此来判断写入是否成功。

例 8.2　从键盘上输入一行字符存入一个文本文件中,然后再从这个文件中输入各字符,并统计其中的英文字母的个数,程序演示见 8021.mp4～8023.mp4。

```c
/*文件路径名:e8_2\main.c*/
#pragma warning(disable:4996)              /*禁止对代号为4996的警告*/
#include<stdio.h>                          /*标准输入输出头文件*/
#include<stdlib.h>                         /*标准库头文件*/

int main(void)                             /*主函数main()*/
{
    int letters=0;                         /*字母个数*/
    char ch;                               /*字符变量*/
    FILE *fp;                              /*定义文件指针*/

    fp=fopen("my_file.txt", "wt");         /*打开文件*/
    if (fp ==NULL)
    {   /*打开文件失败*/
        printf("打开文件失败!\n");          /*错误信息*/
        exit(1);                           /*退出程序*/
    }

    printf("输入一行文字:\n");              /*输入提示信息*/
    ch=getchar();                          /*输入一个字符ch*/
    while (ch!='\n')
    {
        fputc(ch,fp);                      /*将字符ch写入文件*/
        ch=getchar();                      /*输入一个字符ch*/
    }
    fclose(fp);                            /*关闭文件*/

    fp=fopen("my_file.txt","rt");          /*打开文件*/
    if (fp ==NULL)
    {   /*打开文件失败*/
        printf("打开文件失败!\n");          /*错误信息*/
        exit(2);                           /*退出程序*/
    }

    ch=fgetc(fp);                          /*从文件中读取一个字符ch*/
    while (!feof(fp))
    {   /*文件未结束*/
        if (ch>='a'&&ch<='z'||ch >='A'&&ch<='Z')
            letters++;                     /*对英文字母进行记数*/
```

```
        ch=fgetc(fp);                           /*从文件中读取一个字符 ch*/
    }
    printf("共有%d个英文字母。\n", letters);  /*输出相关信息*/
    fclose(fp);                                  /*关闭文件*/

    return 0;                                    /*返回值 0,返回操作系统*/
}
```

程序运行时屏幕输出如下：

输入一行文字:

jhjJHJH67^7&&

共有 7 个英文字母。

例 8.3　编写复制文件的程序,程序演示见 8031.mp4~8033.mp4。

```
/*文件路径名:e8_3\main.c*/
#pragma warning(disable:4996)            /*禁止对代号为 4996 的警告*/
#include<stdio.h>                        /*标准输入输出头文件*/
#include<stdlib.h>                       /*标准库头文件*/

int main(void)                           /*主函数 main()*/
{
    FILE * fpSource, * fpDest;           /*定义文件指针*/
    char ch, sourceFileName[80], destFileName[80];
                                         /*定义字符变量及文件名字符串*/

    printf("输入源文件名:");              /*提示信息*/
    scanf("%s",sourceFileName);          /*输入源文件名*/

    printf("输入目的文件名:");            /*提示信息*/
    scanf("%s",destFileName);            /*输入目的文件名*/

    if ((fpSource=fopen(sourceFileName,"rt"))==NULL)
    {   /*打开文件*/
        printf("打开文件失败!\n");         /*错误信息*/
        exit(1);                         /*退出程序*/
    }

    if ((fpDest=fopen(destFileName,"wt"))==NULL)
    {   /*打开文件*/
```

```
        printf("打开文件失败!\n");        /*错误信息*/
        exit(2);                         /*退出程序*/
    }

    ch=fgetc(fpSource);                  /*从源文件读取字符   */
    while (!feof(fpSource))
    {   /*复制文件内容*/
        fputc(ch, fpDest);               /*将字符写入目标文件*/
        ch=fgetc(fpSource);              /*从源文件读取字符*/
    }

    fclose(fpSource);                    /*关闭文件*/
    fclose(fpDest);                      /*关闭文件*/

    return 0;                            /*返回值 0,返回操作系统*/
}
```

程序运行时屏幕输出如下：

输入源文件名:`main.c`
输入目的文件名:`main1.c`

程序中要求用户从键盘输入源程序文件名 sourceFileName 和目的文件名 destFileName,相关联的指针分别为 fpSource 和 fpDest,从原文件中读入一个字符后进入循环,当源文件未结束时,将把该字符写入目的文件中,然后继续从原文件中读入下一字符。直到源文件结束为止。

由于在文件存储时,都是接字节进行存储的,对于文本文件,按字符的 ASCII 码存储到文件中,一个字符的 ASCII 码为 1 字节,因此文本文件和二进制文件在文件存储时都是以二进制字节串方式进行存储,本例对二制文件同样适合(将二进制文件中的字节解读为"字符"即可),并且将"fopen(sourceFileName,"rt")"和"fopen(destFileName,"wt")"改为"fopen(sourceFileName,"rb")"和"fopen(destFileName,"wb")"也能完成同样的任务。

8.5.3　采用字符串读写函数 fgets()和 fputs()读写字符串

字符串读写函数 fgets()和 fputs()是以字符串为单位的读写函数。每次可从文件读出或向文件写入一个字符串。

字符串读写函数 fgets()和 fputs()与前面使用学过的 gets()和 puts()函数功能相似,都是进行字符串读写。两者的区别在于 gets()和 puts()函数的读写对象是键盘和显示器,而 fgets()和 fputs()函数的读写对象是外存中的文件。

1. 读字符串函数 fgets()

fgets()函数的功能是从指定的文件中读一个字符串到字符数组中,函数调用的形式如下：

```
fgets(字符数组名, n, 文件指针);
```

其中的 n 是一个正整数。表示从文件中读出的字符串不超过 $n-1$ 个字符。在读出的最后一个字符后将加上串结束标志'\0',在读出 $n-1$ 个字符之前,如遇到了换行符或 EOF,读出将自动结束。fgets()函数也有返回值,其返回值是字符数组的首地址。

2. 写字符串函数 fputs()

fputs()函数的功能是向指定的文件写入一个字符串,调用形式如下:

```
fputs(字符串, 文件指针);
```

其中,字符串可以是字符串常量,也可以是字符数组名,或字符指针变量。

例 8.4 采用字符串读写函数 fgets()/fputs()改写例 8.3 实现复制文本文件的程序,程序演示见 8041.mp4～8043.mp4。

```
/* 文件路径名:e8_4\main.c */
#pragma warning(disable:4996)              /* 禁止对代号为 4996 的警告 */
#include<stdio.h>                          /* 标准输入输出头文件 */
#include<stdlib.h>                         /* 标准库头文件 */

#define MAX_LINE_LENGTH 180                /* 宏定义最大行长度常量 */

int main(void)                             /* 主函数 main() */
{
    FILE * fpSource, * fpDest;             /* 定义文件指针 */
    char str[MAX_LINE_LENGTH +1];         /* 定义字符串 */
    char sourceFileName[80],destFileName[80];      /* 定义文件名字符串 */

    printf("输入源文件名:");              /* 提示信息 */
    scanf("%s",sourceFileName);           /* 输入源文件名 */

    printf("输入目的文件名:");            /* 提示信息 */
    scanf("%s",destFileName);             /* 输入目的文件名 */

    if ((fpSource=fopen(sourceFileName,"rt"))==NULL)
    {   /* 打开文件 */
        printf("打开文件失败!\n");        /* 错误信息 */
        exit(1);                          /* 退出程序 */
    }
```

```
    if ((fpDest=fopen(destFileName,"wt"))==NULL)
    {    /*打开文件*/
        printf("打开文件失败!\n");                   /*错误信息*/
        exit(2);                                    /*退出程序*/
    }

    fgets(str,MAX_LINE_LENGTH,fpSource);    /*从源文件读取一行文本到 str*/
    while (!feof(fpSource))
    {    /*复制文件内容*/
        fputs(str,fpDest);                          /*将 str 写入目标文件*/
        fgets(str,MAX_LINE_LENGTH, fpSource);       /*从源文件读取一行文本到 str*/
    }

    fclose(fpSource);                               /*关闭文件*/
    fclose(fpDest);                                 /*关闭文件*/

    return 0;                                       /*返回值 0,返回操作系统*/
}
```

程序运行时屏幕输出如下:

输入源文件名:main.c
输入目的文件名:main1.c

程序中只需将例 8.3 中字符读写函数 fgetc()或 fputc()改为字符串读写函数 fgets()
或 fputs()即可实现按行读写文件复制文本文件。

8.6　对二进制文件的操作

二进制文件将按内存中数据存储形式不加转换地传送到外存文件,对二进制文件的
编程代码也是首先需要打开文件,操作完毕后再关闭文件。

8.6.1　采用数据块读写函数 fread()和 write()读写二进制文件

C 语言提供了用于整块数据的读写函数,如一个数组的所有元素,一个结构变量的
值等。

读数据块函数调用的一般形式如下:

```
fread(buffer,size,count,fp);
```

功能:用于读出一组数据块,返回已读出数据块的个数,如遇文件结束或出错,则返
回 0。

写数据块函数调用的一般形式如下:

```
fwrite(buffer,size,count,fp);
```

其中参数含义如下。

buffer：一个指针，在 fread() 函数中，表示存储输入数据的首地址。在 fwrite() 函数中，表示存储输出数据的首地址。

size：数据块所占的字节数。

count：要读写的数据块个数。

fp：文件指针。

功能：用于写入一组数据块，返回已写入数据块的个数。

例 8.5 有一个整型数组，含 9 个整数，将这些数据存入到一个二进制文件中，然后再从这个文件中读数据并显示在屏幕上，程序演示见 8051.mp4～8053.mp4。

```c
/* 文件路径名:e8_5\main.c */
#pragma warning(disable:4996)              /* 禁止对代号为 4996 的警告 */
#include<stdio.h>                          /* 标准输入输出头文件 */
#include<stdlib.h>                         /* 包含库函数 exit() 所需信息 */

int main(void)                             /* 主函数 main() */
{
    int a[]={1,5,8,90,25,16,18,86,98}, n=9,x,i;     /* 定义数组与整型变量 */
    FILE * fp;                             /* 定义文件指针 */

    fp=fopen("my_file.dat","wb");          /* 打开文件 */
    if (fp==NULL)
    {   /* 打开文件失败 */
        printf("打开文件失败!\n");           /* 错误信息 */
        exit(1);                           /* 退出程序 */
    }

    for (i=0; i<n; i++)
        fwrite((char *)&a[i],sizeof(int),1,fp);     /* 将数据写到文件中 */
    fclose(fp);                            /* 关闭文件 */

    fp=fopen("my_file.dat","rb");          /* 打开文件 */
    if (fp ==NULL)
    {   /* 打开文件失败 */
        printf("打开文件失败!\n");           /* 错误信息 */
        exit(2);                           /* 退出程序 */
    }
```

```
    fread((char *)&x,sizeof(int),1,fp);          /*从文件中读数据到 x*/
    while (!feof(fp))
    {   /*文件未结束*/
        printf("%d ",x);                          /*显示数据 x*/
        fread((char *)&x,sizeof(int),1,fp);        /*从文件中读数据到 x*/
    }
    printf("\n");                                 /*换行*/
    fclose(fp);                                   /*关闭文件*/

    return 0;                                     /*返回值 0,返回操作系统*/
}
```

程序运行时屏幕输出如下:

1 5 8 90 25 16 18 86 98

本例程序中,由于成员函数 fread()与 fwrite()的第一个参数为字符指针,而本例中写入与读出的数据都为整数,实参第一项实际为整型指针,因此要作类型强制转换"(char *)&a[i]"与"(char *)&x"。

程序中通过 for 循环语句向文件写数据,每个整数写一次,实际上可以一次写入数组的所有元元素,将 for 循环的两行改写为

```
    fwrite((char *)&a[i],sizeof(int),n,fp);       /*写数组 a 的 n 个元素到文件中*/
```
或
```
    fwrite((char *)&a[i],sizeof(a),1,fp);         /*将数组作为一个整体写到文件中*/
```
都是正确的,并且这样写入一批数据的方法更简捷,同时效率较高。

8.6.2 随机读写二进制文件

本章前面对文件的读写方式都是顺序读写,也就是读写文件只能从头开始,顺序读写各个数据。但在实际问题中常要求只读写文件中某一指定的部分。为解决这个问题可移动文件内部的位置指针到需要读写的位置,再进行读写,这种读写称为随机读写。实现随机读写的关键是要按要求移动位置指针,这称为文件的定位。移动文件内部位置指针的函数主要有两个:rewind()函数和 fseek()函数。

(1) rewind()函数。

rewind()函数调用形式如下:

```
rewind(文件指针);
```

功能:把文件内部的位置指针移到文件首。

(2) fseek()函数。

fseek()函数调用形式如下:

```
fseek(文件指针,位移量,起始点);
```

其中,"文件指针"指向被移动的文件。"位移量"表示移动的字节数。"起始点"表示从何处开始计算位移量,规定的起始点有 3 种:文件首、当前位置和文件尾,具体表示方法如表 8.2 所示。

表 8.2　fseek()函数的起始点表示方法

起　始　点	表 示 符 号	数 字 表 示
文件首	SEEK_SET	0
当前位置	SEEK_CUR	1
文件尾	SEEK_END	2

功能:用来移动文件内部位置指针。

例如:

```
fseek(fp,1000,SEEK_SET);
```

的含义是把位置指针移到离文件首 1000 字节处。

说明:fseek()函数一般用于二进制文件。在文本文件中由于要进行转换,故往往计算的位置会出现错误。文件的随机读写在移动位置指针之后,可用前面介绍的任意一种读写函数进行读写。

下面用例题来说明文件的随机读写。

例 8.6　有 3 个学生的数据,要求如下:

(1) 把它们存到磁盘文件中。

(2) 将第 2 个学生的成绩改为 100 分后存回磁盘文件中的原有位置。

(3) 从磁盘文件读出 3 个学生的数据并在屏幕加以显示。

程序演示见 8061.mp4~8063.mp4。

```
/* 文件路径名:e8_6\main.c*/
#pragma warning(disable:4996)              /* 禁止对代号为 4996 的警告 */
#include<stdio.h>                          /* 标准输入输出头文件 */
#include<stdlib.h>                         /* 包含库函数 exit()所需信息 */

struct Student                             /*学生结构*/
{
    int num;                              /*学号*/
    char name[16];                        /*姓名*/
    int score;                            /*成绩*/
};
```

```
int main(void)                                    /* 主函数 main() */
{
    struct Student stu[3]=                        /* 定义数组 */
        {{2009101,"李靖",98},{2009102,"刘敏",89},{2009103,"王强",99}};
    struct Student s;                             /* 用于存储学生信息 */
    FILE *fp;                                     /* 定义文件指针 */

    fp=fopen("stu.dat","wb+");                    /* 打开文件 */
    if(fp ==NULL)
    {    /* 打开文件失败 */
        printf("打开文件失败!\n");                /* 错误信息 */
        exit(1);                                  /* 退出程序 */
    }

    fwrite((char *)&stu[0],sizeof(stu),1,fp);         /* 写数据到文件中 */

    fseek(fp,(2-1)*sizeof(s),SEEK_SET);           /* 定位于第 2 个学生数据的起始位置 */
    fread((char *)&s,sizeof(s),1,fp);             /* 读出第 2 个学生的信息 */
    s.score=100;                                  /* 修改第 2 个学生的信息 */
    fseek(fp,(2-1)*sizeof(s),SEEK_SET);           /* 定位于第 2 个学生数据的起始位置 */
    fwrite((char *)&s,sizeof(s),1,fp);            /* 写入第 2 个学生的信息 */

    rewind(fp);                                   /* 重新定位于文件开始处 */
    fread((char *)&s,sizeof(s),1,fp);             /* 读出学生的信息 */
    while (!feof(fp))
    {    /* 文件未结束 */
        printf("%d %s %d\n",s.num,s.name,s.score);        /* 显示学生信息 */
        fread((char *)&s,sizeof(s),1,fp);                 /* 读出学生的信息 */
    }

    fclose(fp);                                           /* 关闭文件 */

    return 0;                                             /* 返回值 0,返回操作系统 */
}
```

程序运行时屏幕输出如下：

2009101 李靖 98
2009102 刘敏 100
2009103 王强 99

本例程序中的代码

```
fwrite((char *)&stu[0],sizeof(stu),1,fp);
```

可替换为

```
fwrite((char *)&stu[0],sizeof(s),3,fp);
```

也可采用 for 对每个学生进行单独写到文件中,例如:

```
for (i=0; i <3; i++)              /*循环写入每个学生信息到文件中*/
    fwrite((char *)&stu[i],sizeof(stu[i]),1,fp);
                                  /*写第 i+1 个学生信息 stu[i] 到文件中*/
```

显然,本例程序中的代码更简洁合理。

**8.7　实例研究：人事管理系统

8.7.1　需求分析

随着企事业单位的不断发展,人力资源的日益庞大、手工作坊式管理再也无法适应如今企事业单位的人事管理,应采用结合计算机科学而开发的人事管理系统,以便科学合理地管理企事业单位人事信息档案。人事管理系统是适应现代企业制度需求、推动企业人事管理走向科学化、规范化的必然趋势。

8.7.2　功能描述

如图 8.1 所示,整个人事管理系统由下面的五大功能模块所组成。

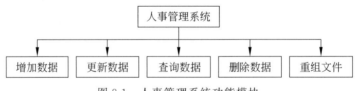

图 8.1　人事管理系统功能模块

(1) 增加数据模块。用于完成将输入的数据存入数据文件中,用户一次可输入多个人的信息。

(2) 更新数据模块。实现对记录的修改,要求用户输入员工编号,然后再查询员工信息,最后要求输入新信息。

(3) 查询数据模块。完成查找指定编号的员工信息。

(4) 删除数据模块。用于删除指定编号的员工信息,为提高效率,只作删除标记,不在物理上删除信息,可称为逻辑删除。

(5) 重组文件模块。当逻辑删除的信息太多时,将会降低查询效率,为此重组文件模块专门用于在物理上删除作有删除标记的信息,这样不但能提高查询效率,同时也可以节约存储空间。

8.7.3 总体设计

1. 系统流程

人事管理系统的系统流程如图 8.2 所示。

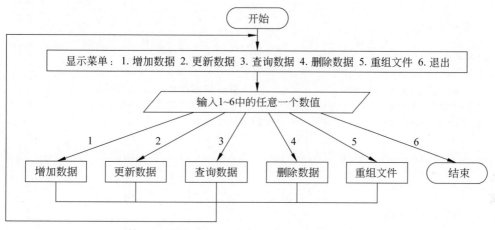

图 8.2　人事管理系统流程

说明：显示菜单和进入循环操作，进行功能选择操作，有效输入为 1～6 中的任意一个数值。若输入 1，则执行增加数据模块。若输入 2，则执行更新数据模块。若输入 3，则执行查询数据模块。若输入 4，则执行删除数据模块。若输入 5，则执行重组文件模块。若输入 6，则退出程序的执行。

2. 功能模块设计

(1) 增加数据模块。调用 fwrite() 函数将输入的员工信息写入到数据文件中，每存入一个员工信息，将提示是否继续添加新员工信息，用户输入 Y 或 y，将继续输入新员工信息，用户输入 N 或 n，退出增加数据模块。

(2) 更新数据模块。首先要求输入员工编号，然后在数据文件中查询员工，如果查询成功，则显示员工信息，再要求用户输入员工新信息，最后将新信息写入数据文件中。

(3) 查询数据模块。首先要求输入员工编号，然后在数据文件中逐一读出员工信息，直到员工信息等于指定的编号为止，再显示员工信息。

(4) 删除数据模块。首先要求输入员工编号，然后在数据文件中查询员工，如果查询成功，则显示员工信息，将此员工的状态改为删除状态，再将信息写入数据文件中。

(5) 重组文件模块。以写入方式打开一个临时数据文件，再将原数据文件所有员工信息逐一读出，将没作删除标记的员工写入到临时数据文件中，最后删除原数据文件，将临时数据文件改名为原数据文件名。

3. 数据结构设计

程序定义了结构体 struct EmployeeType 类型用于存放员工信息，具体相关结构定义如下：

```
typedef struct
{    /* 日期结构 */
    int year;                          /* 年 */
    int month;                         /* 月 */
    int day;                           /* 日 */
} DateType;

typedef struct
{    /* 员工结构 */
    short status;                      /* 数据状态，0:正常 1:删除 */
    char num[11];                      /* 员工编号 */
    char name[11];                     /* 员工姓名 */
    char sex[3];                       /* 性别 */
    DateType birthday;                 /* 生日 */
    float basicSalary;                 /* 基本工资 */
} EmployeeType;
```

4. 函数功能描述

（1）AddData()函数。

函数原型：void AddData(void)。

函数功能：输入一个或多个员工信息，并将所输入的员工信息存入数据文件中。

（2）UpdateData()函数。

函数原型：void UpdateData(void)。

函数功能：更新已存在的员工信息。

（3）SearchData()函数。

函数原型：void SearchData(void)。

函数功能：查询未作删除标记的员工信息。

（4）DeleteData()函数。

函数原型：void DeleteData(void)。

函数功能：对特定员工作删除标记，只作逻辑删除。

（5）Pack()函数。

函数原型：void Pack(void)。

函数功能：对作删除标记的员工信息作物理删除。

8.7.4 系统实现

程序演示见 8cs1.mp4～8cs3.mp4，具体算法及测试程序如下：

1. 具体程序实现

（1）建立工程 employee_manage_system。

（2）建立头文件 employee_manage_system.h,定义相关结构及函数。

```c
/*文件名:employee_manage_system\employee_manage_system.h*/
/*员工管理系统头文件*/
#ifndef __EMPLOYEE_MANAGE_SYSTEM_H__
    /*如果没有定义__EMPLOYEE_MANAGE_SYSTEM_H__*/
#define __EMPLOYEE_MANAGE_SYSTEM_H__
    /*那么定义__EMPLOYEE_MANAGE_SYSTEM_H__*/

typedef struct
{    /*日期结构*/
    int year;                       /*年*/
    int month;                      /*月*/
    int day;                        /*日*/
} DateType;

typedef struct
{    /*员工结构*/
    short status;                   /*数据状态, 0:正常 1:删除*/
    char num[11];                   /*员工编号*/
    char name[11];                  /*员工姓名*/
    char sex[3];                    /*性别*/
    DateType birthday;              /*生日*/
    float basicSalary;              /*基本工资*/
} EmployeeType;

void AddData(void);                 /*增加数据*/
void UpdateData(void);              /*更新数据*/
void SearchData(void);              /*查询数据*/
void DeleteData(void);              /*删除数据,只作删除标志*/
void Pack(void);                    /*在物理上删除作有删除标记的记录*/

#endif
```

（3）建立源程序文件 employee_manage_system.c,实现相关函数。**具体内容如下:**

```c
/*文件名:employee_manage_system\employee_manage_system.c*/
/*员工管理系统实现文件*/

#pragma warning(disable:4996)       /*禁止对代号为4996的警告*/
#include<stdio.h>                   /*标准输入输出头文件*/
#include<stdlib.h>                  /*标准库头文件*/
#include<string.h>                  /*字符串头文件*/
```

```c
#include<ctype.h>                                    /* 包含 tolower()的原型 */
#include "employee_manage_system.h"                  /* 员工管理系统头文件 */

extern FILE * fp;                                    /* 声明文件指针 */

void AddData(void)                                   /* 增加数据 */
{
    EmployeeType employee;                           /* 员工 */
    char tag;                                        /* 设置标志是否继续添加数据 */

    employee.status=0;                               /* 数据状态,0:正常 1:删除 */
    do
    {
        printf("编号:");
        scanf("%s",employee.num);                    /* 输入编号 */
        printf("姓名:");
        scanf("%s",employee.name);                   /* 输入姓名 */
        printf("性别:");
        scanf("%s",employee.sex);                    /* 输入性别 */
        printf("生日:\n");
        printf("\t 年:");
        scanf("%d",&employee.birthday.year);         /* 输入生日年份 */
        printf("\t 月:");
        scanf("%d",&employee.birthday.month);        /* 输入生日月份 */
        printf("\t 日:");
        scanf("%d",&employee.birthday.day);          /* 输入生日日期 */
        printf("基本工资:");
        scanf("%f",&employee.basicSalary);           /* 输入基本工资 */
        fseek(fp,0,SEEK_END);                        /* 移动文件内部位置指针 */
        fwrite(&employee,sizeof(EmployeeType), 1, fp); /* 将员工信息存入文件中 */
        printf("继续添加吗(y/n):");
        while (getchar()!='\n');                     /* 跳过当前行 */
        tag=getchar();                               /* Y、y 表示继续,N、n 表示结束 */
        tag=tolower(tag);                            /* 大写字母转换为小写字母 */
        while (tag!='y'&&tag!='n')
        {   /* 非法输入时重新输入 */
            printf("输入非法,重新输入(y/n):");
            while (getchar()!='\n');                 /* 跳过当前行 */
            tag=getchar();                           /* Y、y 表示继续,N、n 表示结束 */
            tag=tolower(tag);                        /* 大写字母转换为小写字母 */
        }
    } while (tag=='y');                              /* 肯定回答时循环 */
}
```

```c
void UpdateData(void)                                  /* 更新数据 */
{
    EmployeeType employee;                             /* 员工 */
    char num[11];                                      /* 员工编号 */

    printf("输入要更新的员工的编号:");
    scanf("%s",num);                                   /* 输入编号 */
    rewind(fp);                                        /* 使位置指针返回到文件的开头 */
    fread(&employee,sizeof(EmployeeType),1,fp);        /* 读入员工信息 */
    while (!feof(fp))
    {   /* 文件未结束 */
        if (strcmp(employee.num,num)==0                /* 编号相同 */
            && employee.status==0                      /* 数据状态正常,未作删除标志 */
            ) break;                                   /* 查询成功 */
        fread(&employee,sizeof(EmployeeType),1,fp);    /* 读入员工信息 */

    }
    if (!feof(fp))
    {   /* 查询成功 */
        printf("%12s%12s%9s%18s%12s\n","员工编号","员工姓名","性别","生日","基本
            工资");
        printf("%12s%12s%9s   %4d年%2d月%2d日%12.2f\n",  /* 输出员工信息 */
            employee.num,employee.name,employee.sex,employee.birthday.year,
            employee.birthday.month,employee.birthday.day,employee.basicSalary);
        printf("输入更新后数据:\n");
        printf("编号:");
        scanf("%s",employee.num);                      /* 输入编号 */
        printf("姓名:");
        scanf("%s",employee.name);                     /* 输入姓名 */
        printf("性别:");
        scanf("%s",employee.sex);                      /* 输入性别 */
        printf("生日:\n");
        printf("\t年:");
        scanf("%d",&employee.birthday.year);           /* 输入生日年份 */
        printf("\t月:");
        scanf("%d",&employee.birthday.month);          /* 输入生日月份 */
        printf("\t日:");
        scanf("%d",&employee.birthday.day);            /* 输入生日日期 */
        printf("基本工资:");
        scanf("%f",&employee.basicSalary);             /* 输入基本工资 */
        fseek(fp, -(int)sizeof(EmployeeType),SEEK_CUR);
                                                       /* 移动文件内部位置指针 */
        fwrite(&employee, sizeof(EmployeeType),1,fp);  /* 写入数据 */
    }
```

```c
        else
        {   /* 查询失败 */
            printf("无此编号的员工!\n");
        }
}


void SearchData(void)                                        /* 查询数据 */
{
    EmployeeType employee;                                   /* 员工 */
    char num[11];                                            /* 员工编号 */

    printf("输入要查询的员工的编号:");
    scanf("%s",num);                                         /* 输入编号 */
    rewind(fp);                                              /* 使位置指针返回文件的开头 */
    fread(&employee,sizeof(EmployeeType),1,fp);              /* 读入员工信息 */
    while (!feof(fp))
    {   /* 文件末结束 */
        if (strcmp(employee.num,num)==0                      /* 编号相同 */
            &&employee.status==0                             /* 数据状态正常,未作删除标志 */
            ) break;                                         /* 查询成功 */
        fread(&employee, sizeof(EmployeeType),1,fp);         /* 读入员工信息 */

    }
    if (!feof(fp))
    {   /* 查询成功 */
        printf("%12s%12s%9s%18s%12s\n",
            "员工编号","员工姓名","性别","生日","基本工资");
        printf("%12s%12s%9s  %4d 年%2d 月%2d 日%12.2f\n",     /* 输出员工信息 */
            employee.num, employee.name, employee.sex, employee.birthday.year,
            employee.birthday.month, employee.birthday.day, employee.basicSalary);
    }
    else
    {   /* 查询失败 */
        printf("无此编号的员工!\n");
    }
}

void DeleteData(void)                                        /* 删除数据,只作删除标志 */
{
    EmployeeType employee;                                   /* 员工 */
    char num[11];                                            /* 员工编号 */

    printf("输入要删除的员工的编号:");
    scanf("%s", num);                                        /* 输入编号 */
```

```
    rewind(fp);                                    /*使位置指针返回文件的开头*/
    fread(&employee,sizeof(EmployeeType),1,fp);        /*读入员工信息*/
    while (!feof(fp))
    {    /*文件末结束*/
        if (strcmp(employee.num, num)==0              /*编号相同*/
            &&employee.status==0                  /*数据状态正常, 未作删除标志*/
            ) break;                                 /*查询成功*/
        fread(&employee,sizeof(EmployeeType),1,fp);        /*读入员工信息*/
    }
    if (!feof(fp))
    {    /*查询成功*/
        printf("被删除记录为:\n");
        printf("%12s%12s%9s%18s%12s\n",
            "员工编号","员工姓名","性别","生日","基本工资");
        printf("%12s%12s%9s  %4d%年%2d%月%2d%日%12.2f\n", /*输出员工信息*/
            employee.num,employee.name,employee.sex,employee.birthday.year,
            employee.birthday.month,employee.birthday.day,employee.basicSalary);
        employee.status=1;                          /*使数据状态为删除状态*/
        fseek(fp,-sizeof(EmployeeType),SEEK_CUR);   /*移动文件内部位置指针*/
        fwrite(&employee,sizeof(EmployeeType),1,fp);   /*写入数据*/
    }
    else
    {    /*查询失败*/
        printf("无此编号的员工!\n");
    }
}

void Pack(void)                              /*在物理上删除作有删除标记的记录*/
{
    EmployeeType employee;                           /*员工*/
    FILE * fpTmp;                                 /*临时文件指针*/

    if ((fpTmp=fopen("employeeTmp.dat","wb"))==NULL)
    {    /*打开 employeeTmp.dat 文件失败*/
        printf("打开文件 employeeTmp.dat 失败!\n");   /*错误信息*/
        exit(2);                                   /*退出程序*/
    }

    rewind(fp);                                    /*使位置指针返回到文件的开头*/
    fread(&employee,sizeof(EmployeeType),1,fp);        /*读入员工信息*/
    while (!feof(fp))
    {    /*文件末结束*/
        if (employee.status==0)                     /*数据状态正常, 未作删除标志*/
            fwrite(&employee,sizeof(EmployeeType),1,fpTmp);      /*写入数据*/
```

```
        fread(&employee,sizeof(EmployeeType),1,fp);        /*继续读入员工信息*/
    }
    fclose(fp);      fclose(fpTmp);                          /*关闭文件*/
    remove("employee.dat");                                 /*删除文件*/
    rename("employeeTmp.dat","employee.dat");               /*更改文件名*/

    if ((fp=fopen("employee.dat","rb+"))==NULL)
    {   /*打开 employee.dat 失败*/
        printf("打开文件 employee.dat 失败!\n");              /*错误信息*/
        exit(3);                                            /*退出程序*/
    }
}
```

（4）建立源程序文件 main.c，实现 main( )函数，具体代码如下：

```
/*文件路:employee_manage_system\main.c*/
/*员工管理系统主函数文件*/

#pragma warning(disable:4996)                /*禁止对代号为 4996 的警告*/
#include<stdio.h>                            /*标准输入输出头文件*/
#include<stdlib.h>                           /*标准库头文件*/
#include "employee_manage_system.h"          /*员工管理系统头文件*/

FILE * fp;                                   /*定义文件指针*/

int main(void)                               /*主函数 main() */
{
    int select;                              /*工作变量*/

    if ((fp=fopen("employee.dat", "rb+"))==NULL)
    {   /*employee.dat 文件不存在*/
        if ((fp=fopen("employee.dat", "wb+"))==NULL)
        {   /*打开文件失败*/
            printf("打开文件 employee.dat 失败!\n");    /*错误信息*/
            exit(1);                                   /*退出程序*/
        }
    }

    do
    {
        printf("请选择:\n");
        printf("1.增加数据 2.更新数据 3.查询数据 4.删除数据 5.重组文件 6.退出\n");
        scanf("%d", &select);                          /*输入选择*/

        switch (select)
```

```
        {
        case 1:
            AddData();                              /* 增加数据 */
            break;
        case 2:
            UpdateData();                           /* 更新数据 */
            break;
        case 3:
            SearchData();                           /* 查询数据 */
            break;
        case 4:
            DeleteData();                           /* 删除数据, 只作删除标志 */
            break;
        case 5:
            Pack();                     /* 在物理上删除作有删除标记的记录 */
            break;
        }
    } while (select !=6);               /* 选择 6 退出循环 */

    fclose(fp);                         /* 关闭文件 */

    return 0;                           /* 返回值 0, 返回操作系统 */
}
```

2. 程序运行参考结果

下面是程序运行参考结果。

请选择:
1.增加数据 2.更新数据 3.查询数据 4.删除数据 5.重组文件 6.退出
1
编号:108
姓名:王刚
性别:男
生日:
        年:1968
        月:12
        日:16
基本工资:1890
继续添加吗(y/n):y
编号:109
姓名:吴敏
性别:女
生日:
        年:1978

月:10

日:18

基本工资:1680

继续添加吗(y/n):n

请选择:

1.增加数据　2.更新数据　3.查询数据　4.删除数据　5.重组文件　6.退出

2

输入要更新的员工的编号:109

　　　　员工编号　　员工姓名　　性别　　　　　　生日　　　　基本工资

　　　　　109　　　　吴敏　　　女　　1978年10月18日　　　1680.00

输入更新后数据:

编号:109

姓名:吴敏

性别:女

生日:

　　　　年:1976

　　　　月:10

　　　　日:16

基本工资:1968

请选择:

1.增加数据　2.更新数据　3.查询数据　4.删除数据　5.重组文件　6.退出

3

输入要查询的员工的编号:109

　　　　员工编号　　员工姓名　　性别　　　　　　生日　　　　基本工资

　　　　　109　　　　吴敏　　　女　　1976年10月16日　　　1968.00

请选择:

1.增加数据　2.更新数据　3.查询数据　4.删除数据　5.重组文件　6.退出

5

请选择:

1.增加数据　2.更新数据　3.查询数据　4.删除数据　5.重组文件　6.退出

4

输入要删除的员工的编号:109

被删除记录为:

　　　　员工编号　　员工姓名　　性别　　　　　　生日　　　　基本工资

　　　　　109　　　　吴敏　　　女　　1976年10月16日　　　1968.00

请选择:

1.增加数据　2.更新数据　3.查询数据　4.删除数据　5.重组文件　6.退出

6

8.8　程　序　陷　阱

1. 使用文件方式是字符串不是字符

程序初学者有时会忘记使用文件方式是字符串,而不是字符。例如:

```
fp=fopen("my_file.txt",'r');                        /*错*/
```

编译器至少会给一个警告。

2. fprintf()和 fscanf()函数格式字符串中的格式与参数不匹配

程序员在使用 fprintf()和 fscanf()函数时,经常会造成格式字符串中的格式与参数不匹配,下面是一个这样的例子:

```
double x;                              /*定义变量*/
FILE * fp;                             /*定义文件指针 fp*/
fscanf(fp,"%f",&x);                    /*错,应使用%lf*/
```

3. 用文件名代替文件指针

程序初学者常犯的一个错误是用文件名代替文件指针。在打开文件后,应使用文件指针访问文件,而不是用文件名访问文件。

```
fprintf("myfyle.txt", …);              /*错*/
fclose("myfyle.txt");                  /*错*/
```

这样的方式会引起无法预料的错误。大多数编译器对值得怀疑的指针转换都给出警告,应该注意所有这样的警告。

4. 其他常犯错误

其他常犯的错误是打开已经打开的文件,关闭已经关闭的文件,对打开用于读的文件进行了写操作,或对打开用于写的文件进行读操作。

习　题　8

一、选择题

1. 有以下程序:

```
/*文件路径名:ex8_1_1\main.c*/
#pragma warning(disable:4996)                /*禁止对代号为 4996 的警告*/
#include<stdio.h>                            /*标准输入输出头文件*/
int main(void)                               /*主函数 main()*/
{
    FILE * fp;                               /*定义文件指针*/
    int k,n,a[]={1,2,3,4,5,6};               /*定义变量与数组*/
    fp=fopen("textFile.txt", "w");           /*以写方式打开文件*/
    fprintf(fp,"%d%d%d\n",a[0],a[1],a[2]);   /*向文件输出 a[0]、a[1]、a[2]*/
    fprintf(fp,"%d%d%d\n",a[3],a[4],a[5]);   /*向文件输出 a[3]、a[4]、a[5]*/
    fclose(fp);                              /*关闭文件*/
    fp=fopen("textFile.txt","r");            /*以读方式打开文件*/
    fscanf(fp,"%d %d\n",&k,&n);              /*从文件中读出 k、n*/
```

```
    printf("%d %d\n",k,n);                    /*输出 k、n*/
    fclose(fp);                               /*关闭文件*/
    return 0;                                 /*返回值 0,返回操作系统*/
}
```

程序运行后的输出结果是_____。

   A. 1 2   B. 1 4   C. 123 4   D. 123 456

2. 有以下程序:

```
/*文件路径名:ex8_1_2\main.c*/
#pragma warning(disable:4996)            /*禁止对代号为 4996 的警告*/
#include<stdio.h>                         /*标准输入输出头文件*/
int main(void)                            /*主函数 main()*/
{
    FILE *fp;                             /*定义文件型指针*/
    int i,a[]={1,2,3,4,5,6};              /*定义变量与数组*/
    fp=fopen("data.dat","w+b");           /*打开文件*/
    fwrite(a,sizeof(int),6,fp);           /*向文件中写入 6 个数*/
    fseek(fp,sizeof(int)*3,SEEK_SET);
                                          /*文件位置指针从文件头向后移动 3 个 int 型数据*/
    fread(a,sizeof(int),3,fp);            /*从文件中读出 3 个数*/
    fclose(fp);                           /*关闭文件*/
    for (i=0; i<6; i++)
        printf("%d ",a[i]);               /*输出 a*/
    printf("\n");                         /*换行*/
    return 0;                             /*返回值 0,返回操作系统*/
}
```

程序运行后的输出结果是_____。

   A. 4 5 6 4 5 6   B. 1 2 3 4 5 6   C. 4 5 6 1 2 3   D. 6 5 4 3 2 1

3. 有以下程序:

```
/*文件路径名:ex8_1_3\main.c*/
#pragma warning(disable:4996)            /*禁止对代号为 4996 的警告*/
#include<stdio.h>                         /*标准输入输出头文件*/
int main(void)                            /*主函数 main()*/
{
    FILE * fp;                            /*定义文件型指针*/
    int i,k,n;                            /*定义变量*/
    fp=fopen("txetFile.txt","w+");        /*打开文件*/
    for (i=1; i<6; i++)
    {
        fprintf(fp,"%d ",i);              /*向文件中输出 i*/
        if (i%3==0) fprintf(fp,"\n");     /*向文件中写入换行符*/
    }
```

```
    rewind(fp);                          /* 使文件位置指针指向文件头 */
    fscanf(fp,"%d%d",&k,&n);             /* 从文件中输入 k、n */
    printf("%d %d\n",k,n);               /* 输出 k、n */
    fclose(fp);                          /* 关闭文件 */
    return 0;                            /* 返回值 0,返回操作系统 */
}
```

程序运行后的输出结果是_____。

    A. 0 0   B. 123 45   C. 1 4   D. 1 2

4. 以下与函数 fseek(fp,0L,SEEK_SET)有相同作用的是_____。

    A. feof(fp)   B. ftell(fp)   C. fgetc(fp)   D. rewind(fp)

5. 有以下程序：

```
/* 文件路径名:ex8_1_5\main.c */
#pragma warning(disable:4996)           /* 禁止对代号为 4996 的警告 */
#include<stdio.h>                        /* 标准输入输出头文件 */
void WriteStr(char * fn,char * str)
{
    FILE * fp;                           /* 定义文件型指针 */
    fp=fopen(fn,"w");                    /* 打开文件 */
    fputs(str,fp);                       /* 向文件中写入字符串 */
    fclose(fp);                          /* 关闭文件 */

}
int main(void)                           /* 主函数 main() */
{
    WriteStr("textFile.txt","start");    /* 写入"start" */
    WriteStr("textFile.txt","end");      /* 写入"end" */
    return 0;                            /* 返回值 0,返回操作系统 */
}
```

程序运行后,文件 textFile.txt 中的内容是_____。

    A. start   B. end   C. startend   D. endrt

6. 读取二进制文件的函数调用形式为

```
fread(buffer,size,count,pf);
```

其中 buffer 代表的是_____。

    A. 一个文件指针,指向待读取的文件

    B. 一个整型变量,代表待读取的数据的字节数

    C. 一个内存块的首地址,代表读入数据存放的地址

    D. 一个内存块的字节数

二、填空题

1. 设 fp 为指向某二进制文件的指针,且已读到此文件末尾,则函数 feof(fp)的返回

值为_____。

2. 设有定义

```
FILE * fp;
```

试将以下打开文件的语句补充完整，以便可以向文本文件 readme.txt 的末尾续写内容。

```
fp=fopen("readme.txt", "_____");
```

3. 执行以下程序后，test.txt 文件的内容是（若文件能正常打开）_____。

```
/* 文件路径名:ex8_2_3\main.c */
#pragma warning(disable:4996)          /* 禁止对代号为 4996 的警告 */
#include<stdio.h>                      /* 标准输入输出头文件 */
int main(void)                         /* 主函数 main() */
{
    FILE * fp;                         /* 定义文件型指针 */
    char * s1="fortran",*s2="Basic";   /* 定义字符指针 */
    fp=fopen("test.txt","wb");         /* 打开文件 */
    fwrite(s1,7,1,fp);                 /* 把从地址 s1 开始的 7 个字符写入 fp 所指文件中 */
    fseek(fp,0L,SEEK_SET);             /* 将文件位置指针移到文件开头 */
    fwrite(s2,5,1,fp);                 /* 向文件中写入 5 个字符 */
    fclose(fp);                        /* 关闭文件 */
    return 0;                          /* 返回值 0,返回操作系统 */
}
```

三、编程题

1. 编写程序，统计一个文本文件包含的行数。

*2. 用 fgets() 与 fputs() 函数从键盘上输入 3 行字符串存入文本文件 test.txt 中，然后再从此文件中读出这 3 行字符串，统计其中包含的英文大写字母、小写字母与数字字符的个数，假设每行不超过 80 个字符。

3. 从键盘上输入 8 个双精度实数，以二进制形式存入文件 data.dat 中，再从文件中读出数据并显示在屏幕上。

4. 从键盘输入一个字符串，将小写字母全部转换成大写字母，然后输出到一个磁盘文件 test.txt 中保存。输入的字符串以回车符结束。

*5. 有 5 个学生，每个学生有 3 门课的成绩，从键盘输入以上数据（包括学生号、姓名以及 3 门课的成绩），计算出每个学生 3 门课的平均成绩，将原有的数据和计算出的平均成绩存放在磁盘文件 stud.dat 中，并从文件 stud.dat 中读学生信息将其输出在屏幕上。

第 9 章 高 级 主 题

**9.1 变长参数表

变长参数函数在有的应用中非常重要,例如 C 语言的库函数 printf(),这个函数的参数个数是不定的,printf()函数的函数原型如下:

```
int printf(const * format,…);
```

函数原型中的"…"表示此函数接收个数不定的任何类型的参数,因此"…"必须放在参数表的最后。

变长参数头文件 stdarg.h 中的类型与宏可用来建立变长参数列表,如表 9.1 所示。

表 9.1　在 stdarg.h 中定义的类型和宏

标　识　符	含　　义
va_list	保存宏 va_start、va_arg 和 va_end 所需信息的一种类型。用户为访问变长参数表中的参数,必须定义 va_list 类型的一个变量
va_start	访问变长参数表中的参数之前使用的宏,用于初始化用 va_list 定义的变量,初始化结果供宏 va_arg 和 va_end 使用
va_arg	每次调用 va_arg 将根据参数的类型,取出用 va_list 定义的变长参数变量的当前参数的值,并使此变量的当前参数移向下一个参数
va_end	是一种宏,用于结束对变长参数变量的引用

下面通过实例说明变长参数的使用方法。

例 9.1　通过变长参数实现求 n 个数的和,程序演示见 9011.mp4～9013.mp4。

具体程序如下:

```
/* 文件路径名:e9_1\main.c*/
#include<stdio.h>                          /*标准输入输出头文件*/
#include<stdarg.h>                         /*变长参数头文件*/

int sum(int n,…)                           /*参数 n 表示要求的元素个数*/
```

```
{
    int total=0,i;                          /* 定义变量 */

    va_list al;                             /* 变长参数变量 */
    va_start(al,n);                         /* 初始化 va_list 定义的变量 al */

    for (i=1; i<=n; i++)
        total +=va_arg(al,int);             /* 取出变长参数 */

    va_end(al);                             /* 结束对变长参数变量的引用 */

    return total;                           /* 返回和 */
}

int main(void)                              /* 主函数 main() */
{
    int x=12,y=12,z=18,u=8,v=9,w=16;        /* 定义变量 */

    printf("x=%d\ny=%d\nz=%d\nu=%d\nv=%d\nw=%d\n", x, y, z, u, v, w);
                                            /* 输出变量的值 */
    printf("x、y 与 z 的和是%d.\n",sum(3,x,y,z));      /* 输出 sum(3,x,y,z) 的值 */
    printf("u、v 与 w 的和是%d.\n",sum(3,u,v,w));      /* 输出 sum(3,u,v,w) 的值 */
    printf("x、y、z、u、v 与 w 的和是%d.\n",sum(6,x,y,z,u,v,w));
                                            /* 输出 sum(6,x,y,z,u,v,w) 的值 */

    return 0;                               /* 返回值 0,返回操作系统 */
}
```

程序运行时屏幕输出如下:

```
x=12
y=12
z=18
u=8
v=9
w=16
x、y 与 z 的和是 42.
u、v 与 w 的和是 33.
x、y、z、u、v 与 w 的和是 75.
```

sum()函数使用了头文件 stdarg.h 的类型和宏,首先定义类型为 va_list 的变长参数变量 al,再用宏 va_start 初始化供 va_arg 和 va_end 所使用的变量 al,宏 va_start 有两个参数,一个是变量 al,另一个是变长参数表省略号左侧最右边的参数标识符(上面实例中是为 n,n 用于确定变长参数表的参数个数),然后 sum()函数反复将变长参数表中的参数与变量 total 相加,这时加到 total 中的值是用宏 va_arg 从变长参数表中检索得到的,宏 va_arg 有两个参数,一个是变量 al,另一个是要从参数列表中接收的值的类型(上面实例中是 int),宏 va_arg 返回参数的值。最后用宏 va_end 结束变长参数的引用,使程序从 sum()正常返回到函数 main(),宏 va_end 只有一个参数 al。

注意:变长参数的常见错误是将"…"放在函数参数表的中间,注意"…"只能放在参数表的最后。

**9.2 命令行参数

大多数操作系统(如 DOS 与 UNIX)都允许将命令行参数传递给主函数 main()参数表中的"int argc"和"char * argv[]"中,这里参数 argc 表示命令行参数的个数,argv 是存储实际命令行参数的字符串数组,命令行参数通常用于给程序传递选项和给程序传递文件名。下面通过实例加以说明。

例 9.2 用命令行参数实现将一个文件复制到另一个文件。

设程序的可执行文件名为 copyFile,则在 DOS 中运行程序的命令行形式如下:

copyFile 源文件名 目标文件名

当执行程序时,如果 argc 不等于 3(copyFile 本身也算一个参数),程序将显示使用方法,否则数组 argv 中包含有字符串"copyFile"、源文件名字符串和目标文件名字符串,此命令行参数第 2 个和第 3 个参数被程序用作文件名,这两个文件将用 fopen()打开,如果成功打开了这两个文件,则会把源文件逐字节地复制到目标文件中,直到文件输入结束时为止,程序演示见 9021.mp4~9023.mp4,下面是具体程序:

```
/*文件路径名:e9_2\main.c*/
#pragma warning(disable:4996)          /*禁止对代号为 4996 的警告*/
#include<stdio.h>                      /*标准输入输出头文件*/

int main(int argc, char * argv[])      /*主函数 main()*/
{
    FILE * fpSource, * fpDest;         /*定义文件指针变量*/
    char c;                            /*定义字符变量 c*/

    if (argc!=3)                       /*命令行参数不为 3*/
        printf("用法:copyFile 源文件名、目标文件名\n");
    else
    {    /*命令行参数为 3*/
        if ((fpSource=fopen(argv[1],"rb"))==NULL)
```

```
    {
        printf("文件%s打不开!\n",argv[1]);            /* 错误信息 */
        return 1;                                  /* 退出程序 */
    }

    if ((fpDest=fopen(argv[2],"wb"))==NULL)
    {
        printf("文件%s打不开!\n",argv[2]);            /* 错误信息 */
        return 2;                                  /* 退出程序 */
    }

    c=fgetc(fpSource);                             /* 从源文件中读一个字符 */
    while (!feof(fpSource))
    {
        fputc(c,fpDest);                           /* 复制c到目标文件中 */
        c=fgetc(fpSource);                         /* 从源文件中读取一个字符 */
    }
    }

    return 0;                                      /* 返回值0,返回操作系统 */
}
```

标准库(stdlib.h)中提供了终止程序(并非从 main()函数终止)执行的方法,exit()函数强行终止程序的执行,一般用在程序检测到输入错误或不能打开要处理的文件时使用 exit()函数。

exit()函数只有一个整型参数,系统将此参数值返回给调用环境,下面是 exit()函数的应用实例。

例 9.3 用 exit()函数修改例 9.2,使程序显得更加专业。

主要在不能打开要处理的文件时用 exit()函数退出程序。程序演示见 9031.mp4～9033.mp4,修改后的程序如下:

```
/* 文件路径名:e9_3\main.c */
#pragma warning(disable:4996)                      /* 禁止对代号为4996的警告 */
#include<stdio.h>                                   /* 标准输入输出头文件 */
#include<stdlib.h>                                  /* 标准库头文件 */

int main(int argc,char * argv[])                   /* 主函数main() */
{
    FILE * fpSource,*fpDest;                        /* 定义文件指针变量 */
```

```
    char c;                                      /*定义字符变量 c*/

    if (argc!=3)                                 /*命令行参数不为 3*/
        printf("用法: copyFile 源文件名、目标文件名\n");
    else
    {   /*命令行参数为 3*/
        if ((fpSource=fopen(argv[1],"rb"))==NULL)
        {
            printf("文件%s 打不开!\n",argv[1]);   /*错误信息*/
            exit(1);                             /*退出程序*/
        }

        if ((fpDest=fopen(argv[2],"wb"))==NULL)
        {
            printf("文件%s 打不开!\n",argv[2]);   /*错误信息*/
            exit(2);                             /*退出程序*/
        }

        c=fgetc(fpSource);                       /*从源文件中读一字符*/
        while (!feof(fpSource))
        {
            fputc(c,fpDest);                     /*复制 c 到目标文件中*/
            c=fgetc(fpSource);                   /*从源文件中读一字符*/
        }
        fclose(fpSource);                        /*关闭文件*/
        fclose(fpDest);
    }

    return 0;                                    /*返回值 0,返回操作系统*/
}
```

9.3　动态内存分配与释放

在实际编程中,往往所需的内存空间取决于实际输入的数据,无法预先确定。对于这种问题,C 语言提供了一些内存管理函数,这些内存管理函数可以按需要动态地分配内存空间,也可把不再使用的内存空间回收待用,为有效地利用内存资源提供了手段,ANSI标准建议使用头文件 stdlib.h,但许多 C 编译器要求使用头文件 malloc.h,使用时可查阅有关使用手册。

9.3.1　动态内存分配函数 malloc()

一般调用形式如下:

```
(类型说明符 *) malloc(size)
```

功能：在内存的动态存储区中分配一块长度为 size 字节的连续区域。函数的返回值类型为 void *，其返回值为所分配区域的首地址。"类型说明符"表示把该区域用于何种数据类型。"(类型说明符 *)"表示把返回值强制转换为该类型指针。size 是一个无符号数，如果没有可供分配的空间，函数返回 NULL。

例如：

```
p=(char *)malloc(100);
```

表示分配 100 字节的内存空间，并强制转换为字符指针类型，函数的返回值为指向该字符数组的指针，把该指针赋予指针变量 p。

例如：

```
p=(struct node *)malloc(sizeof(struct node));
```

表示通过计算 sizeof(struct node)确定 struct node 类型的结构所需占用的内存空间字节数，然后分配 sizeof(struct node)字节的内存空间，并把所分配的内存的地址存储在指针变量 p 中。

说明：一般调用形式"(类型说明符 *) malloc(size)"是大部分教材或考试的习惯调用形式，实际上，在 C 语言中，可省略"(类型说明符 *)"，也就是采用调用形式"malloc(size)"也是完全正确的，例如：

```
p=(char *)malloc(100);
p=(struct node *)malloc(sizeof(struct node));
```

与

```
p=malloc(100);
p=malloc(sizeof(struct node));
```

等价。

9.3.2 动态内存释放函数 free()

调用形式如下：

```
free(指针变量);
```

功能：释放指针变量所指向的一块内存空间，指针变量可以是一个任意类型的指针变量，它指向被释放区域的首地址。被释放区应是由 malloc()函数分配的区域。

9.3.3 动态内存处理实例：线性链表

1. 线性表及线性链表的概念

线性表是 n 个数据元素(简称元素)的有限序列，每个数据元素的类型都相同，线性表中数据元素的个数 n 称为线性表的长度，当 $n=0$ 时称为空表，线性表常记为

$$(a_1,a_2,\cdots,a_n)$$

其中,对于相邻的两个数据元素 a_i 与 a_{i+1},a_{i+1} 称为直接后继,简称后继,a_i 称为直接前驱,简称前驱,a_1 为第一个数据元素,a_n 为最后一个数据元素;$i=1,2,\cdots,n-1$ 时,a_i 有且仅有一个直接后继;当 $i=2,3,\cdots,n$ 时,a_i 有且仅有一个直接前驱。

线性表在计算机上实现时,通常有两种方法:顺序存储实现和链式存储实现,顺序存储实现比较简单,可参考有关数据结构方面的教材,本节只讨论链式存储实现,链式存储实现的线性表通常称为线性链表。

线性链表的每个数据元素用一个结点(node)来存储,一个结点包含两个成员:一个是存放数据元素的 data,称为数据成员,另一个是存储指向此链表下一个结点的指针 next,称为指针成员,如图 9.1 所示,如 p 指向结点,则结点的数据成员为 $p->$data,指针成员为 $p->$next,$p->$next 指向结点的后继。

data	next

数据成员　　指针成员
$p->$data　　$p->$next

图 9.1　线性链表结点示意图

一个线性表 $(a_1,a_2,a_3,\cdots,a_n)$ 的线性链表结构通常如图 9.2 所示,其中"∧"表示空指针 NULL,在最前面增加了一个结点,这个结点没有存储任何数据元素,称为头结点,在线性链表中增加头结点虽然增加了存储空间,但算法实现更简单,效率更高,线性链表的头结点的地址可从指针 head 找到,指针 head 称为头指针,其他结点的地址由前驱的 next 成员得到。

当线性链表无数据元素时,称为空线性链表,这时只有一个头结点,这时 head->next==NULL,如图 9.3 所示。

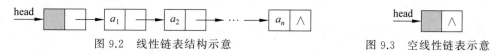

图 9.2　线性链表结构示意　　　　　　　　图 9.3　空线性链表示意

线性链表结构描述如下:

```
typedef struct Node
{    /*线性链表的结构描述*/
    ElemType data;                     /*数据成员*/
    struct Node * next;                /*指针成员*/
}LNode;
```

2. 线性链表的建立和显示

为简单起见,假设线性链表的数据成员的类型为整型,下面通过例题说明线性链表的建立和显示。

例 9.4　试编写程序实现建立和显示线性链表。

设 head 指向表头,rear 指向表尾,如图 9.4 所示,程序演示见 9041.mp4～9043.mp4。

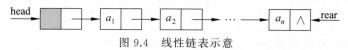

图 9.4　线性链表示意

显示线性链表比较简单,设指针 p 指向线性表的第一个元素,只要执行如下操作即可显示各结点的元素值:

```
while (p!=NULL)
{    /* p 分别指向各元素 */
    printf("%d ", p->data);                 /* 显示元素值 */
    p=p->next;                              /* p 指向下一元素 */
}
```

为建立线性链表,只需向一个空线性链表追加若干结点即可,假设新追加的结点在表尾,追加过程如图 9.5 所示。

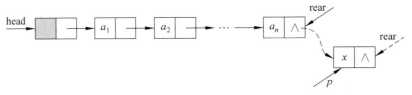

图 9.5　追加结点示意

设用 p 指向新追加的结点,则指针之间的关系如下:

```
rear->next=p;                /* 新追加的结点在最后,也就是 rear 的后继 */
rear=p;                      /* 新追加的结点为新的表尾,rear 指向新表尾 */
```

下面是具体程序实现:

```
/* 文件路径名:e9_4\main.c */
#pragma warning(disable:4996)        /* 禁止对代号为 4996 的警告 */
#include<stdio.h>                    /* 标准输入输出头文件 */
#include<malloc.h>                   /* 动态存储分配头文件 */

typedef int ElemType;
typedef struct Node
{    /* 线性链表结点的结构描述 */
    ElemType data;                   /* 数据成员 */
    struct Node * next;              /* 指针成员 */
}LNode;

void CreateLinkList(LNode * head);   /* 建立线性链表 */
void DisplayLinkList(LNode * head);  /* 显示线性链表 */
```

```
int main(void)                              /* 主函数 main() */
{
    LNode * head;                           /* 定义链表头指针 */
    /* 生成空线性链表 */
    head=(LNode * ) malloc(sizeof(LNode));  /* 分配存储空间 */
    head->next=NULL;                        /* 空链表头结点后继为空 */

    CreateLinkList(head);                   /* 建立线性链表 */
    DisplayLinkList(head);                  /* 显示线性链表 */

    return 0;                               /* 返回值 0, 返回操作系统 */
}


void CreateLinkList(LNode * head)           /* 建立线性链表 */
{
    LNode * p,*rear=head;        /* 空线性链表的表头指针与表尾指针都指向头结点 */
    ElemType x;                             /* 定义变量 x */

    printf("输入数据元素值 x, 当 x=0 时退出:");    /* 提示信息 */
    scanf("%d", &x);                        /* 输入数据元素值 x */

    while (x !=0)
    {   /* 循环建立线性链表 */
        p=(LNode * ) malloc(sizeof(LNode));     /* 分配存储空间 */
        p->data=x;                              /* 数据元素值为 x */
        p->next=NULL;                           /* 新追加结点为尾结点, 后继为空 */

        rear->next=p;               /* 新追加的结点在最后, 也就是 rear 的后继 */
        rear=p;                     /* 新追加的结点为新的表尾, rear 指向新表尾 */

        scanf("%d",&x);                         /* 输入数据元素值 x */
    }
}

void DisplayLinkList(LNode * head)                  /* 显示线性链表 */
{
    LNode * p=head->next;                       /* p 指向线性表的第一个元素 */

    printf("线性链表:");                        /* 提示信息 */
    while (p !=NULL)
    {   /* p 分别指向各元素 */
        printf("%d ",p->data);                  /* 显示元素值 */
        p=p->next;                              /* p 指向下一元素 */
```

```
        }
        printf("\n");                                         /* 换行 */
}
```

程序运行时屏幕输出如下：

输入数据元素值 x,当 x=0 时退出:1 2 3 4 5 6 7 8 9 0
线性链表:1 2 3 4 5 6 7 8 9

9.4　指针的深入讨论

**9.4.1　指向函数的指针变量

在 C 语言中,一个函数占用一段连续的内存空间,函数名就是该函数所占内存空间的首地址。可以把函数的这个首地址(或称入口地址)赋予一个指针变量,使此指针变量指向该函数。然后通过指针变量就可以找到并调用这个函数。指向函数的指针简称函数指针,指向函数的指针变量定义的一般形式如下:

类型说明符 (＊指针变量名)(形参表);

其中,"类型说明符"表示被指函数的返回值的类型。"(＊指针变量名)"表示"＊"后面的变量是定义的指针变量。"(形参表)"表示指针变量指向一个函数。

下面通过例子来说明用指针形式实现对函数调用的方法。

例 9.5　指向函数的针指变量示例,程序演示见 9051.mp4～9053.mp4。

```
/* 文件路径名:e9_5\main.c * /
#pragma warning(disable:4996)                           /＊禁止对代号为 4996 的警告 * /
#include<stdio.h>                                        /＊标准输入输出头文件 * /

int Min(int a,int b)                                     /＊定义最小值函数 * /
{
    return a<b?a:b;                                      /＊返回 a、b 的最小值 * /
}

int main(void)                                           /＊主函数 main() * /
{
    int (＊pMin)(int a,int b);                           /＊定义指向函数的指针 * /
    int x,y,z;                                           /＊定义整型变量 * /
```

```
    pMin=Min;                            /* 将函数名 min 赋值给 pMin */
    printf("输入两个数: ");               /* 输入提示 */
    scanf("%d%d",&x,&y);                 /* 输入 x、y */
    z=(*pMin)(x,y);                      /* 求 x、y 的最小值 */
    printf("最小值:%d\n",z);             /* 输出最小值 */

    return 0;                            /* 返回值 0,返回操作系统 */
}
```

程序运行时屏幕输出参考如下:

```
输入两个数:2 3
最小值:2
```

说明: 例 9.5 的程序可以发现指向函数的指针变量的使用步骤如下。

第 1 步,定义指向函数的指针变量,例如程序中的如下代码:

```
int (*pMin)(int a,int b);
```

定义 pMin 为指向函数的指针变量。

第 2 步,将被调函数的入口地址(函数名)赋予该函数指针变量,例如程序中的如下代码:

```
pMin=Min;
```

第 3 步,用函数指针变量形式调用函数,如程序中的如下代码:

```
z=(*pMin)(x,y);
```

调用函数的一般形式如下:

```
(*指针变量名) (实参表)
```

*9.4.2 返回指针的函数

在 C 语言中允许一个函数的返回值是一个指针(即地址),这样的函数称为返回指针的函数,简称指针型函数,定义返回指针的函数的一般形式如下:

```
类型说明符 *函数名(形参表)
{
    ...     /* 函数体 */
}
```

其中,函数名前加了"*"表明这是一个指针型函数,即返回值是一个指针。

类型说明符表示了返回的指针值所指向的数据类型。

例 9.6 编写函数实现返回一个星期某天的名称,如函数参数为 0,返回"星期日",参数为 1,返回"星期一",…。

在程序中定义了一个指针型函数 DayName(),它返回指向字符的指针。函数中定义了一个静态指针数组 Name。Name 数组初始化赋值为 7 个字符串,分别表示各星期名。形参 n 表示与星期名所对应的整数。在主函数中,把输入的整数 i 作为实参,在 printf( ) 函数语句中调用 DayName( ) 函数并把 i 值传送给形参 n。

程序演示见 9061.mp4～9063.mp4,具体程序代码如下:

```
/* 文件路径名:e9_6\main.c */
#pragma warning(disable:4996)          /* 禁止对代号为 4996 的警告 */
#include<stdio.h>                       /* 标准输入输出头文件 */
#include<assert.h>                      /* 断言头文件 */

char * DayName(int n)                   /* 定义函数 */
{
    static char * name[]={"星期日","星期一","星期二","星期三","星期四","星期
        五","星期六"};
                                        /* 定义数组 */
    return name[n];                     /* 返回 n 对应的星期名 */
}

int main(void)                          /* 主函数 main() */
{
    int i;                              /* 定义整型变量 i */

    printf("输入一个星期名所对应的整数(0~6):");  /* 输入提示 */
    scanf("%d",&i);                     /* 输入 i */
    assert(i>=0&i<=6);                  /* 断言 */
    printf("%s\n",DayName(i));          /* 输出 i 对应的星期名 */

    return 0;                           /* 返回值 0,返回操作系统 */
}
```

程序运行时屏幕输出如下:

输入一个星期名所对应的整数(0~6):6
星期六

9.5 程序陷阱

使用动态内存分配时,常见的编程错误是忘记释放内存。如果在循环中重复地分配

内存、使用内存而忘记了释放它,程序会出乎意料地失败。

习　题　9

一、选择题

1. 以下程序:

```
/* 文件路径名:ex9_1_1\main.c */
#include<stdio.h>                          /* 标准输入输出头文件 */
#include<string.h>                          /* 字符串头文件 */
int main(int argc,char * argv[])           /* 主函数 main() */
{
    int n=0,i;                              /* 定义变量 */
    for (i=1; i<argc; i++)
        n=n+strlen(argv[i]);                /* 对 argv[i]的长度累加求和 */
    printf("%d\n",n);                       /* 输出 n */
    return 0;                               /* 返回值 0,返回操作系统 */
}
```

该程序生成的可执行文件名为 proc.exe。若运行时输入命令行:

```
proc 123 45 67
```

则程序的输出结果是_____。

    A. 3　　　　　　　　　B. 5　　　　　　　C. 7　　　　　　　　　D. 11

2. 有以下程序:

```
int add(int a, int b) { return a+b; }      /* 函数定义 */
int main(void)                             /* 主函数 main() */
{
    int k,( * f)(int,int),a=5 b=10;
    f=add;
    ...
}
```

则以下函数调用语句错误的是_____。

    A. k=(* f)(a,b);　　　　　　B. k=add(a,b);

    C. k= * f(a,b);　　　　　　　D. k=f(a,b);

3. 程序中若有如下说明和定义语句:

```
char fun(char * );                          /* 函数声明 */
int main(void)                              /* 主函数 main() */
{
    char * s="one",a[5]={0},( * f)(char * )=fun,ch;
```

$$\vdots$$
}

以下选项中对 fun()函数的正确调用语句是_____。

 A. (＊f)(a)； B. ＊f(＊s)； C. fun(&a)； D. ch＝＊f(s)；

4. 有以下结构体说明和变量定义,如图 9.6 所示,指针 p、q、r 分别指向此链表中的 3 个连续结点。

```
struct Node
{
    int data;                                    /＊数据成员＊/
    struct Node ＊ next;                          /＊指针成员,指向后继＊/
} ＊ p, ＊ q, ＊ r;
```

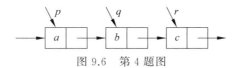

图 9.6 第 4 题图

现将 q 所指结点从链表中删除,同时要保持链表的连续,以下不能完成指定操作的语句是_____。

 A. p－＞next＝q－＞next；   B. p－＞next＝p－＞next－＞next；

 C. p－＞next＝r；   D. p＝q－＞next；

二、填空题

1. 以下程序的输出结果是_____。

```
/＊文件路径名:ex9_2_1\main.c＊/
#include＜stdio.h＞                              /＊标准输入输出头文件＊/
char ＊ fun(char ＊ p) { return p+ strlen(p) /2; }
int main(void)                                 /＊主函数 main()＊/
{
    char ＊ str="abcdefgh";                      /＊定义字符串＊/
    str=fun(str);                               /＊调用函数 fun()＊/
    puts(str);                                  /＊输出 str＊/
    return 0;                                    /＊返回值 0,返回操作系统＊/
}
```

2. 已有定义

```
double ＊p;
```

试写出完整的语句,利用 malloc()函数使 p 指向一个双精度型的动态存储单元_____。

三、编程题

*1. 编写一个求带头结点的线性链表的长度的函数。

**2. 通过变长参数实现求 n 个数的积。

**3. 用命令行参数编程实现显示文本文件内容。

**4. 创建一个不带头结点的链表,并按输入顺序相反的次序存储各数据的值。

**5. 创建一个不带头结点的链表,采用递归函数显示一个链表的各数据成员的值。

参 考 文 献

[1]　KELLEY A，POHL I. C 语言解析教程[M]. 麻志毅，译. 北京：机械工业出版社，2003.

[2]　DEITEL H M，DEITEL P J. C 程序设计[M]. 薛万鹏，译. 北京：机械工业出版社，2004.

[3]　LIBDEN P D. C 专家编程[M]. 徐波，译. 北京：人民邮电出版社，2008.

[4]　KOEIG A. C 陷阱与缺陷[M]. 高巍，王断，译. 北京：人民邮电出版社，2008.

[5]　HORTON I. C 语言入门经典[M]. 杨浩，译. 北京：清华大学出版社，2008.

[6]　KERNIGHAN B W，RITCHIE D M. C 程序设计语言[M]. 徐宝文，李志，译. 北京：机械工业出版社，2006.

[7]　BALAGURUSAMY E. 标准 C 程序设计[M]. 金名，李丹程，刘莹，等译. 4 版. 北京：清华大学出版社，2008.

[8]　荣钦科技. C 语言开发入门与编程实践[M]. 杨汉玮，改编. 北京：电子工业出版社，2007.

[9]　王正仲. 21 天学通 C 语言[M]. 北京：电子工业出版社，2009.

[10]　谭浩强. C 程序设计[M]. 北京：清华大学出版社，2006.

[11]　谭浩强. C 程序设计教程[M]. 北京：清华大学出版社，2008.

[12]　谭浩强，张基温. C 语言程序设计教程[M]. 北京：高等教育出版社，2006.

[13]　陈良银，游洪跃，李旭伟. C 语言程序设计(C99 版)[M]. 北京：清华大学出版社，2006.

[14]　魏东平，朱连章，于广斌. C 程序设计语言[M]. 北京：电子工业出版社，2009.

[15]　卜家岐，林贻侠. C 程序设计教程[M]. 北京：中国科学技术出版社，1995.

[16]　文东，孙鹏飞，潘钧. C 语言程序设计基础与项目实训[M]. 北京：中国人民大学出版社，2009.

[17]　冼镜光. C 语言名题精选百则技巧篇[M]. 北京：机械工业出版社，2005.

[18]　刘祎玮，汪晓平. C 语言高级实例解析[M]. 北京：清华大学出版社，2004.

[19]　杨峰. C 语言完全手册[M]. 北京：科学出版社，2008.

[20]　余雪勇，葛武滇，李千目. 出现频率最高的 100 种典型题型精解精练——C 语言程序设计[M]. 北京：清华大学出版社，2008.

[21]　姜灵芝，余健. C 语言课程设计案例精编[M]. 北京：清华大学出版社，2008.

[22]　田淑清. 二级教程——C 语言程序[M]. 北京：高等教育出版社，2008.

附录 A　常用 C 编译器使用方法

本书的所有程序都在 Visual C++ 6.0、Visual C++ 2022 和 Dev-C++ v5.11 开发环境中进行了严格测试,若对这几个编译器还不太熟悉,可选择感兴趣的开发环境进行学习。为更容易理解,下面以输出"欢迎大家学习 C 语言!"为例讲解操作步骤,由于可有多种方式进行操作,下面的操作步骤仅供参考,具体操作演示见 a011.mp4~ a013.mp4。

操作步骤具体如下。

第 1 步,建立项目 welcome,对于 Dev-C++ v5.11,不能自动建立目标文件夹,所以应先手动方式建立文件夹 welcome,在 Dev-C++ v5.11 中建立一个项目后会动产生一个默认的 main.c 文件,可先用"移除文件"方法删除此文件。

第 2 步,建立源程序文件 main.c,具体代码如下:

```
/*文件路径名:welcome\main.c*/
#include<stdio.h>                      /*包含库函数 printf()所需要的信息*/

int main(void)                         /*主函数 main()*/
{
    printf("欢迎大家学习 C 语言!\n");   /*输出"欢迎大家学习 C 语言!"*/

    return 0;                          /*返回值 0,返回操作系统*/
}
```

第 3 步,编译及运行程序。

附录 B 常用字符 ASCII 码对照表

ASCII 码	字符	ASCII 码	字符	ASCII 码	字符	ASCII 码	字符	ASCII 码	字符	ASCII 码	字符
32	空格	048	0	64	@	80	P	96	`	112	p
33	!	49	1	65	A	81	Q	97	a	113	q
34	"	50	2	66	B	82	R	98	b	114	r
35	#	51	3	67	C	83	S	99	c	115	s
36	$	52	4	68	D	84	T	100	d	116	t
37	%	53	5	69	E	85	U	101	e	117	u
38	&	54	6	70	F	86	V	102	f	118	v
39	'	55	7	71	G	87	W	103	g	119	w
40	(	56	8	72	H	88	X	104	h	120	x
41	)	57	9	73	I	89	Y	105	i	121	y
42	*	58	:	74	J	90	Z	106	j	122	z
43	+	59	;	75	K	91	[	107	k	123	{
44	,	60	<	76	L	92	\	108	l	124	|
45	—	61	=	77	M	93	]	109	m	125	}
46	。	62	>	78	N	94	^	110	n	126	~
47	/	63	?	79	O	95	_	111	o		

附录C C运算符与优先级

运算符类别	运算符	名　　称	优先级	结合性
圆括号	()	类型转换、参数表、函数调用	1	自左向右
下标	[ ]	数组元素的下标	1	自左向右
成员	->、.	结构型或共用型成员	1	自左向右
逻辑	!	逻辑非	2	自右向左
位	~	位非	2	自右向左
增1减1	++、--	自增1、自减1	2	自右向左
指针	&、*	取地址、取内容	2	自右向左
算术	+、-	正号取正、负号取负	2	自右向左
长度	sizeof	数据长度	2	自右向左
算术	*、/、%	乘、除、取余	3	自左向右
算术	+、-	加、减	4	自左向右
位	<<、>>	左移、右移	5	自左向右
关系	>=、>、<=、<	大于或等于、大于、小于或等于、小于	6	自左向右
关系	==、!=	相等、不相等	7	自左向右
位	&	按位与(位逻辑与)	8	自左向右
位	^	按位异或(位逻辑按位加)	9	自左向右
位	|	按位或(位逻辑或)	10	自左向右
逻辑	&&	逻辑与	11	自左向右
逻辑	||	逻辑或	12	自左向右
条件	? :	条件	13	自右向左
赋值	=	赋值	14	自右向左
复合赋值	+=、-=、*=	加赋值、减赋值、乘赋值	14	自右向左
复合赋值	/=、%=、&=	除赋值、取余赋值、位与赋值	14	自右向左
复合赋值	^=、|=	位按位加赋值、按位或赋值	14	自右向左
复合赋值	<<=、>>=	位左移赋值、位右移赋值	14	自右向左
逗号	,	逗号	15	自左向右

附录 D   C 常用库函数

C 语言 ANSI/ISO 标准中定义了 C 标准库的形式和内容,也就是 C 标准指定了编译器必须支持的函数集,然而各厂家出品的编译器通常还包含有一些附加的函数,本附录列出了常见标准库函数,对于非标准函数请读者查阅各 C 编译环境提供的帮助。

1. I/O 函数

使用 I/O 函数时,都应使用 #include<stdio.h> 将头文件 stdio.h 包含到源程序文件中,如表 D.1 所示。

表 D.1   常用的 I/O 函数

函 数 原 型	功　　能	返　回　值
void clearerr(FILE *stream);	重置与流相关的出错标志	无
int fclose(FILE *stream);	使流不再与文件相关联,自动分配的缓存也将被释放	操作成功,返回 0,否则返回 EOF
int feof(FILE *stream);	断判是否文件流已到达结束位	如果文件流已到达结束位置,则返回 0,否则返回非 0 值
int fgetc(FILE *stream);	从文件流中读取一个字符(unsigned char)	读取成功,返回所读取的字符,否则返回 EOF
int fgetpos (FILE *stream, fpos_t *position);	将流文件的当前位置存储在参数 position 中	操作成功,返回 0,否则返回非 0 值
char *fgets (char *str, int num, FILE *stream);	从文件流 stream 中读取 num-1 个字符并存储在字符串 str 中	操作成功,返回 str,否则返回空指针
FILE *fopen(const char *fname, const char *mode);	按模式 mode 打开一个名为 fname 的新文件	操作成功,返回与新文件关联的文件流,否则返回 NULL
int fprintf(FILE *stream, const char *format, c);	按指定格式 format 输出参数列表中的参数 c 存放于"stream"文件流	操作成功,返回实际输出的字符数,否则返回一个负数
int fputc(int ch, FILE *stream);	在当前文件位置将字符 ch 写到指定流 stream 中,并将文件位置下移一个位置	操作成功,返回写入的字符,否则返回 EOF
int fputs(const char *str, FILE *stream);	将字符串 str 写到指定文件流 stream 中	操作成功,返回一个非负数,否则返回 EOF
size_t fread(void *buf, size_t size, size_t count, FILE *stream);	从文件流 stream 中读取 count 个对象,每个对象长度为 size 字节,将它们以数组方式存储到缓存 buf 中	返回实际读取的对象个数
int fscanf(FILE *stream, const char *format,…);	从文件流 stream 中按指定格式 format 读取信息到参数列表"…"中	操作成功,返回实际读取的参数个数,否则返回 EOF

函 数 原 型	功 能	返 回 值
int fseek(FILE *stream, long int offset, int origin);	按 origin 指定的方式,用 offset 设置文件流 stream 的当前位置	操作成功,返回 0,否则返回非 0 值
int fsetpos(FILE *stream, const fpos_t *position);	移动文件流 stream 的当前位置到指定位置 position 处	操作成功,返回 0,否则返回非 0 值
long int ftell(FILE *stream);	用于获得文件流 stream 的当前位置	操作成功,返回文件流 stream 的当前位置,否则返回－1
size_t fwrite(const void *buf, size_t size, size_t count, FILE *stream);	从缓存 buf 中向文件流 stream 中写入 count 个对象,每个对象的大小为 size 字节	返回实际写入对象数
int getc(FILE *stream);	获得指定文件流 stream 中的下一位置的字符	操作成功,返回文件流 stream 中的下一位置的字符,否则返回 EOF
int getchar(void);	从标准输入流 stdin 中获得下一位置的字符	操作成功,返回标准输入流 stdin 中的下一位置的字符,否则返回 EOF
char *gets(char *str);	从标准输入流 stdin 中读取一字符串到 str 中	操作成功,返回 str,否则返回 null
void perror(const char *str);	将串 str 映射成 errno 对应的 stderr 出错信息	无
int printf(const char *format, …);	将参数表"…"中的信息按格式 format 写到标准输出文件 stdout 中	返回写入 stdout 的实际字符个数,否则返回负数
int putc(int ch, FILE *stream);	将字符 ch 写到文件流 stream 中	操作成功,返回字符 ch,否则返回 EOF
int putchar(int ch);	将字符 ch 写到标准输出文件流 stdout 中	操作成功,返回字符 ch,否则返回 EOF
int puts(const char *str);	将串 str 输出到标准输出文件 stdout 中	操作成功,返回非负值,否则返回 EOF
int remove(const char *fname);	删除用 fname 指定的文件	操作成功,返回 0,否则返回非 0 值
int rename(const char *oldfname, const char *newfname);	将文件名 oldfname 更名为 newfname	操作成功,返回 0,否则返回非 0 值
void rewind(FILE *stream);	将文件流 stream 的当前位置重置为文件流的开始处	无
int scanf(const char *format, …);	从标准输入流 stdin 中按格式 format 将数据写到参数表"…"中	操作成功,返回写到参数表中的参数个数,否则返回 EOF
void setbuf(FILE *stream, char *buf);	将缓存 buf 指定给文件流 stream	无
int sprintf(char *buf, const char *format, …);	除了输出结果到 buf 外,与 printf() 等价	返回输出到 buf 的实际字符个数,否则返回负数
int sscanf(const char *buf, const char *format, …);	除了从 buf 中输入数据外,与 scanf() 等价	操作成功,返回实际输入的参数个数,否则返回 EOF

2. 串和字符函数

标准函数库有丰富的串和字符函数,串函数包含在头文件<string.h>中,字符函数包含在头文件<ctype.h>中,如表 D.2 所示。

表 D.2　常用的串和字符函数

头文件和函数原型	功　　能	返　回　值
#include<ctype.h> int isalnum(int ch);	判断 ch 是否是数字字符	如果 ch 是数字字符,返回 0,否则返回非 0 值
#include<ctype.h> int isalpha(int ch);	判断 ch 是否是字母	如果 ch 是字母,返回非 0 值,否则返回 0
#include<ctype.h> int isblank(int ch);	判断 ch 是否是空格或制表符。说明:此函数是在 C99 新增的	如果 ch 是空格或制表符,返回非 0 值,否则返回 0
#include<ctype.h> int iscntrl(int ch);	判断 ch 是否是控制字符	如果 ch 是控制字符,返回非 0 值,否则返回 0
#include<ctype.h> int isdigit(int ch);	判断 ch 是否是字符数字('0'~'9')	如果 ch 是字符数字,返回 0,否则返回非 0 值
#include<ctype.h> int isgraph(int ch);	判断 ch 是否是图形字符	如果 ch 是图形字符,返回非 0 值,否则返回 0
#include<ctype.h> int islower(int ch);	判断 ch 是否是小写字母	如果 ch 是小写字母,返回非 0 值,否则返回 0
#include<ctype.h> int isprint(int ch);	判断 ch 是否是可打印字符	如果 ch 是可打印字符,返回非 0 值,否则返回 0
#include<ctype.h> int ispunct(int ch);	判断 ch 是否是标点符号字符	如果 ch 是标点符号字符,返回非 0 值,否则返回 0
#include<ctype.h> int isspace(int ch);	判断 ch 是否是空白字符(包括制表符和空格字符)	如果 ch 是空白字符,返回非 0 值,否则返回 0
#include<ctype.h> int isupper(int ch);	判断 ch 是否是大写字母	如果 ch 是大写字母,返回非 0 值,否则返回 0
#include<ctype.h> int isxdigit(int ch);	判断 ch 是否是十六制数字字符	如果 ch 是十六制数字字符,返回非 0 值,否则返回 0
#include<string.h> char * strcat(char * str1, const char * str2);	连接 str2 到 str1 的后面	返回 str1
#include<string.h> char * strchr(const char * str, int ch);	查找字符 ch 在 str 中第一次出现的位置	查找成功,返回指向字符 ch 在 str 中第一次出现的位置指针,否则返回 NULL
#include<string.h> int strcmp(const char * str1, const char * str2);	按字典方式比较字符串 str1 与字符串 str2	如果 str1 小于 str2,返回一个负数;如果 str1 等于 str2,返回一个 0;否则返回一个正数
#include<string.h> char * strcpy(char * str1, const char * str2);	复制字符串 str2 到字符串 str1 中	返回 str1

头文件和函数原型	功　　能	返　回　值
#include<string.h> char * strerror(int errnum);	求错误号为 errnum 的出错信息	返回错误号为 errnum 的出错信息
#include<string.h> size_t strlen(const char * str);	求字符串 str 的长度	返回字符串 str 的长度
#include<string.h> char * strncat(char * str1, const char * str2, size_t count);	连接字符串 str2 最多前 count 个字符到字符串 str1 中	返回 str1
#include<string.h> int strncmp(const char * str1, const char * str2, size_t count);	按字典方式比较字符串 str1 与字符串 str2 前 const 个字符	如果 str1 小于 str2,返回一个负数;如果 str1 等于 str2,返回一个 0;否则返回一个正数
#include<string.h> char * strncpy(char * str1, const char * str2, size_t count);	复制字符串 str2 前 count 个字符到字符串 str1 中	返回 str1
#include<string.h> char * strstr(const char * str1, const char * str2);	确定指定字符串 str 中后第一次出现字符串 str2 中的位置	操作成功,返回指定字符串 str 中后第一次出现字符串 str2 中的第一个字符的指针,否则返回 NULL
#include<ctype.h> int tolower(int ch);	将大写字母转换成小写字母	如果 ch 是大写字母,返回对应小写字母,否则返回 ch
#include<ctype.h> int toupper(int ch);	将小写字母转换成大写字母	如果 ch 是小写字母,返回对应大写字母,否则返回 ch

3. 数学函数

所有的数学函数都要求有头文件<math.h>,如表 D.3 所示。

表 D.3　常用的数学函数

函 数 原 型	功　　能	返　回　值
double acos(double arg);	求参数 arg 的反余弦值	返回参数 arg 的反余弦值
double acosh(double arg);	求参数 arg 的反双曲余弦值	返回参数 arg 的反双曲余弦值
double asin(double arg);	求参数 arg 的反正弦值	返回参数 arg 的反正弦值
double asinh(double arg);	求参数 arg 的反双曲正弦值	返回参数 arg 的反双曲正弦值
double atan(double arg);	求参数 arg 的反正切值	返回参数 arg 的反正切值
double atanh(double arg);	求参数 arg 的反双曲正切值	返回参数 arg 的反双曲正切值
double atan2(double a, double b);	求 a/b 的反正切值	返回 a/b 的反正切值
double cbrt(double num);	求参数 num 的立方根。新增的	返回参数 num 的立方根
double cos(double arg);	求参数 arg 的正弦值	返回参数 arg 的正弦值

函 数 原 型	功 能	返 回 值
double cosh(double arg);	求参数 arg 的双曲正弦值	返回参数 arg 的双曲正弦值
double exp(double arg);	求 e^{arg} 的值	返回 e^{arg} 的值
double exp2(double arg);	求 2^{arg} 的值	返回 2^{arg} 的值
double fabs(double num);	求参数 num 的绝对值	返回参数 num 的绝对值
double fmax(double a, double b);	求参数 a 和 b 的最大值	返回参数 a 和 b 的最大值
double fmin(double a, double b);	求参数 a 和 b 的最小值	返回参数 a 和 b 的最小值
double log(double num);	求参数 num 的自然对数值	返回参数 num 的自然对数值
double log10(double num);	求参数 num 的常用对数值	返回参数 num 的常用对数值
double pow(double base, double exp);	计算 $base^{exp}$ 的值	返回 $base^{exp}$ 的值
double round(double arg);	求参数 arg 四舍五入到整数部分的值	以浮点数形式返回参数 arg 四舍五入到整数部分的值
double sin(double arg);	求参数 arg 的正弦值	返回参数 arg 的正弦值
double sqrt(double num);	求参数 arg 的平方根	返回参数 arg 的平方根
double tan(double arg);	求参数 arg 的正切值	返回参数 arg 的正切值

4. 时间和日期函数

在标准函数库中包含处理时间和日期的函数,也包含处理地理信息的函数。处理时间和日期的函数要求有头文件<time.h>,如表 D.4 所示。

表 D.4　常用的时间和日期函数

函 数 原 型	功 能	返 回 值
char * asctime(const struct tm * ptr);	将参数指向的结构转换成字符串形式的日期:day month date hours:minutes:seconds year\n\0	将参数指向的结构转换成字符串形式的日期:day month date hours:minutes:seconds year\n\0 并返回指向此字符串的指针
char * ctime(const time_t * time);	将参数 time 转换为字符串形式:day month year hours:minutes:seconds year\n\0	返回指向如下形式的字符串:day month year hours:minutes:seconds year \n\0
double difftime(time_t time2, time_t time1);	计算从 time1～time2 相差的秒数	返回从 time1～time2 相差的秒数
time_t time(time_t * time);	求系统时间	返回系统时间

5. 动态内存分配函数

动态内存分配的核心是 malloc()和 free()函数。ANSI 标准建议使用头文件 stdlib.h,

但许多 C 编译器要求使用头文件 malloc.h,使用时可查阅有关使用手册,如表 D.5 所示。

表 D.5　常用的动态分配内存函数

函 数 原 型	功　　能	返　回　值
void * calloc(size_t num, size_t size);	分配内存大小为 num * size,并返回指向被分配内存的指针	返回指向被分配内存的指针
void free(void * ptr);	释放指针 ptr 所指向的内存空间	无
void * malloc(size_t size);	分配内存大小为 size,并返回指向被分配内存的指针	返回指向被分配内存的指针
void * realloc(void * ptr，size_t size);	将 ptr 所指已分配的内存块重新分配为大小为 size 的块	返回指向重新分配的内存块的指针

6. 实用函数

标准库中提供了很多实用函数,这些函数的原型都在头文件<stdlib.h>中,如表 D.6 所示。

表 D.6　常用的实用函数

函 数 原 型	功　　能	返　回　值
double atof(const char * str);	将字符串 str 表示的数转换成一个双精度浮点数	将字符串 str 表示的数转换成一个双精度浮点数,并返回此数
int atoi(const char * str);	将字符串 str 表示的数转换成一个整型数	将字符串 str 表示的数转换成一个整型数,并返回此数
long int atol(const char * str);	将字符串 str 表示的数转换成一个长整型数	将字符串 str 表示的数转换成一个长整型数,并返回此数
void exit(int exit_code);	引起程序中断。并将参数 exit_code 传递给调用进程	无
int rand(void);	生成一个伪随机数	返回生成的伪随机数
void srand(unsigned int seed);	设置随机序列的种子为 seed	无
int system(const char * str);	执行用字符串 str 表示的命令	执行成功,返回非 0 值,否则返回 0

图书资源支持

感谢您一直以来对清华版图书的支持和爱护。为了配合本书的使用，本书提供配套的资源，有需求的读者请扫描下方的"书圈"微信公众号二维码，在图书专区下载，也可以拨打电话或发送电子邮件咨询。

如果您在使用本书的过程中遇到了什么问题，或者有相关图书出版计划，也请您发邮件告诉我们，以便我们更好地为您服务。

我们的联系方式：

清华大学出版社计算机与信息分社网站：https://www.shuimushuhui.com/

地　　址：北京市海淀区双清路学研大厦 A 座 714

邮　　编：100084

电　　话：010-83470236　　010-83470237

客服邮箱：2301891038@qq.com

QQ：2301891038（请写明您的单位和姓名）

资源下载：关注公众号"书圈"下载配套资源。

资源下载、样书申请

书圈

图书案例

清华计算机学堂

观看课程直播